U0174081

装配过程智能监测

陈成军　洪　军　黄　凯　张春林　著

科学出版社

北　京

内 容 简 介

装配过程监测是保证产品装配质量和装配效率的关键环节。本书应用机器视觉和人工智能技术研究一系列面向装配过程监测的技术和方法，并从装配体监测、装配操作监测和螺栓装配力/力矩监测三个方面开展系统介绍。全书共 8 章，详细阐述人工智能技术基础知识以及基于人工智能的装配过程监测。第 1、2 章介绍了装配过程监测的基础知识；第 3~7 章介绍了基于深度学习的装配监测方法，包括像素点特征提取算法、语义分割技术和动作识别技术等；第 8 章总结全书内容，并进行展望。

本书可供从事视觉监测研究和应用的人员参考，也可作为机械工程及相关专业高年级本科生和硕士生的辅导教材。

图书在版编目（CIP）数据

装配过程智能监测 / 陈成军等著. —北京：科学出版社，2023.8
ISBN 978-7-03-075284-0

Ⅰ. ①装… Ⅱ. ①陈… Ⅲ. ①装配（机械）-监测系统 Ⅳ. ①TH163

中国国家版本馆CIP数据核字（2023）第051231号

责任编辑：裴 育 朱英彪 赵微微 / 责任校对：王萌萌
责任印制：吴兆东 / 封面设计：蓝正设计

科 学 出 版 社 出版
北京东黄城根北街 16 号
邮政编码：100717
http://www.sciencep.com

中煤（北京）印务有限公司印刷
科学出版社发行 各地新华书店经销
*

2023 年 8 月第 一 版 开本：720×1000 1/16
2024 年 9 月第三次印刷 印张：12
字数：242 000

定价：98.00 元
（如有印装质量问题，我社负责调换）

前　言

装配是指将机械零部件按照一定的技术规范和工艺进行组装，使之成为半成品或成品的过程。据不完全统计，在传统制造业中，从事装配工作的相关人员占行业总人数的 1/3，装配工作量占整个制造行业工作量的 20%～70%，装配时间占整个制造过程的 40%～60%，装配成本则占制造成本的 40%以上。当前，装配的自动化和智能化是智能制造领域的重要发展趋势之一。

装配操作是影响产品质量的关键环节。当前，家电等消费品的个性化定制促使制造业由大规模制造向大规模定制转型。大规模定制是以近似大批量生产的效率生产商品和提供服务，来满足客户的个性化需求，这就需要在同一生产线上依据用户的个性化需求组装定制化产品。产品型号的频繁变化增加了产品的装配难度，一旦未能及时监测到装配过程中出现的错误（如装配顺序错误、零件漏装、错装等），将直接影响机械产品的质量。另外，离散型装配仍然是航空航天装备、武器装备等大型复杂产品装配的主要模式，这些复杂产品的装配仍以手工作业为主，具有装配零件与环节多、装配过程复杂、装配周期长等特点，装配人员难免会出现装配差错。因此，监测产品的装配过程，判断是否存在漏装、错装、装配顺序错误，是保证产品装配质量和装配效率的关键措施之一。

在装配过程监测方面，国内外主要采用以下三种方法：①以产品性能的优劣评价装配维修过程的好坏；②人盯人，即一人装配维修、一人监测记录；③采用视频监控记录、回溯装配维修过程。然而上述方法属于"事后评价"，难以及时发现装配维修过程中的错误操作，存在滞后效应，监测的数字化和智能化程度不高。随着智能制造技术的发展，装配领域急需一种智能化的装配过程监测技术，能够在保证装配质量的情况下，缩短产品生产周期，降低生产成本，保证产品质量。机器视觉和人工智能技术的迅速发展为产品装配过程的智能监测提供了可能，特别是在近十年，深度学习技术快速发展并与机器视觉技术结合。深度学习技术可以学习、提取图像特征，代替传统的人工设计的图像特征提取算子，提高了图像特征的学习和表达能力。目前，深度学习技术已经广泛应用于图像分类、图像目标检测、图像分割等领域。

为了更好地适应智能制造产业的发展，适应大规模定制装配和大型复杂机械产品装配的需求，作者及所在团队开展了装配过程智能监测方面的研究和应用。在国家重点研发计划"网络协同制造和智能工厂"重点专项"制造系统场景在线感知及特征智能提取技术"项目(2018YFB1701302)的资助下，围绕产品装配过程智能监测开展了系统研究，主要包括装配体监测、装配操作监测及螺栓装配力/力矩监测等。

　　本书是装配过程智能监测相关研究成果的总结。在装配体监测方面，本书构建装配体深度图像标记样本库和合成方法；提出像素局部二值模式(PX-LBP)算子和深度差分特征的装配体图像分割方法；提出基于多跳跃式全卷积神经网络的装配体深度图像语义分割方法、基于可训练引导滤波器和多尺度特征图的装配体深度图像语义分割方法；设计基于 U-Net 的装配体深度图像轻量级语义分割方法，实现装配体深度图像的语义分割，进而进行产品漏装、错装的判断。在装配操作监测方面，采用动作识别技术、三维卷积神经网络分别实现装配动作类型识别和装配动作监测；采用图像目标检测技术实现装配工具检测；采用姿态估计技术实现操作人员骨骼节点运动变化检测和装配动作重复次数检测。在螺栓装配力/力矩监测方面，采用表面肌电图信号和惯性信号，分别通过分类和回归的方法估计螺栓装配扭矩，实现螺栓装配力/力矩监测；提出多粒度分割并行卷积神经网络模型，使用分类的方法估计装配扭矩；提出基于异构卷积核的时空卷积神经网络和双流卷积回归神经网络，采用回归方法估计装配扭矩，实现螺栓装配扭矩监测。

　　本书由青岛理工大学的陈成军教授、西安交通大学的洪军教授、青岛理工大学的张春林和黄凯共同撰写，青岛理工大学的田中可、王天诺参与了相关项目研究。

　　由于作者水平有限，书中难免存在不妥之处，敬请广大读者批评指正。

目 录

第1章 绪　　论

1.1　装配过程监测的意义

装配是指将机械零部件按照一定的技术规范和工艺进行组装的过程。离散型装配和定制化装配是航空航天装备、武器装备等复杂产品装配的主要方式。复杂产品装配多是典型离散型装配，以手工作业为主，具有装配零件与环节多、装配过程复杂、装配周期长等特点。操作人员的装配操作过程是影响产品质量的关键环节，特别是在大批量个性化定制装配中，同一条生产线上产品型号的频繁变化，增加了产品的装配难度，因此监测装配过程，并判断是否存在漏装、错装、装配顺序错误，是保证产品装配质量和装配效率的关键措施。

传统的装配体监测主要靠工人比对装配工艺文件和装配体，判断当前产品的装配步骤。这种方式不仅耗时长，而且需要工人具有较高的专业知识。传统的装配操作过程监测主要采用人工监督和视频回溯的方式，然而管理人员难以在同一时间对所有装配工人监督到位，这就造成装配过程中对人员操作过程监测的缺失。传统的装配力/力矩监测主要依靠各种类型的传感器，通过将这些设备固定在装配流水线或装配工具上，实时监测力/力矩变化，但这类监测方法存在便携性较差、受装配空间限制、易受装配环境影响等问题。

针对上述问题，本书应用计算机视觉、机器学习等技术，通过图像识别、语义分割等方法分析装配体图像，识别已装配的零部件，并监测漏装、错装、装配顺序错误等；采用动作识别、目标检测、姿态估计等技术分析操作人员装配过程的视频信息，判断操作人员装配动作类型，识别视频内零件位置及类型，分析操作人员骨骼节点变化，监测操作人员装配过程；采用可穿戴设备采集人体运动信号，通过神经网络，采用分类或回归的方式估计螺栓装配力/力矩、判断装配连接情况，相比传统安装在装配工具或流水线上的传感器，该方法便携性更高，且受装配空间限制更小。综上，本书的研究成果在离散型装配行业具有广泛的应用价值。

1.2　装配过程监测的国内外研究现状

1.2.1　装配体监测的研究现状

装配体监测可通过分割装配体深度图像，识别已装配零件，监测漏装、错装、装配顺序错误等。语义分割技术在图像分割领域得到了广泛应用，它是指对图像中每一个像素进行分类，属于同一类的像素被归为一类。图 1.1 给出了装配体监测示意图，同一个零件上的像素被归为一类并用同一颜色标注。目前，语义分割算法主要分为两类，一类是基于像素点的人工特征提取算法，另一类是基于深度学习的图像分割算法。

图 1.1　装配体监测示意图

1. 基于像素点的人工特征提取算法

基于像素点的人工特征提取的语义分割技术，首先需利用像素点特征提取算法提取输入图像所有像素点的特征，然后利用分类器对像素点进行分类，最后根据分类后的像素点生成像素预测图像，即语义分割图像。常见的图像特征及提取算法如下。

1) LBP 特征

如图 1.2 所示，局部二值模式(local binary pattern，LBP)特征是一种描述图像特征像素点与各个像素点之间的灰度关系的局部特征[1]，经典 LBP 算子具有灰度不变和计算简易的特点，被广泛应用于模式识别领域并涌现了大量改进方案。Ojala 等[2]针对经典 LBP 算子无法提取大尺寸结构纹理特征的问题，提出了扩展的LBP 算子，以圆形邻域代替方形邻域；同时针对原始 LBP 特征存在无旋转不变性的问题，提出了旋转不变性的 LBP 算子。

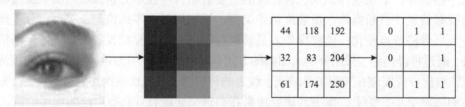

图 1.2　经典 LBP 算子

多尺度块局部二值模式(multiscale block local binary pattern，MB-LBP)[3]算子以矩形邻域内所有像素点灰度值的平均值代替中心像素点的灰度值，将像素点之间的比较扩展到多个像素矩形区域的比较。徐剑等[4]针对经典 LBP 算子无法区分邻域像素点与中心像素点相等和邻域像素点大于中心像素点两种情况提出了动态局部二值模式(dynamic local binary pattern，DLBP)，将原来的单个 LBP 值分成了

LBP$^+$和 LBP$^-$，较好地解决了这个问题。

经典 LBP 算子只针对中心像素点与邻域像素点的关系进行了描述，而忽略了邻域像素点之间的关系，为解决此问题，Heikkilä 等[5]提出了中心对称局部二值模式 (center-symmetric local binary pattern，CS-LBP)算子。胡敏等[6]将 LBP 与 CS-LBP 相结合，提出了中心对称局部平滑二值模式(CS-LSBP)。

2)深度差分特征

深度差分特征是一种经典深度差分特征，其算法是由 Shotton 等[7]借鉴 Lepetit 等[8]提取特征的思路，针对人体姿态实时识别的问题，提出的深度图像特征提取算法。

林鹏等[9]从数据选择、特征提取和训练方法三个方面简化了原深度差分特征提取算法，一定程度上提高了对人体各部位的分类准确率。Keskin 等[10]在手部识别的研究中引入了深度差分特征。张艳[11]在对人手关节点识别研究时提出了对深度差分特征的改进方案，加入了像素点对于质心的偏移角度，使其在有效区分人手部位的同时兼具旋转鲁棒性。张乐锋等[12]针对原深度差分特征的偏移向量不能根据人体部位尺寸大小而做相应调整的问题，提出改进型深度差分特征，一定程度上提高了人体部位识别的准确率。经过以上诸多改进后，深度差分特征提取算法在运行效率和准确率上都有了显著提高。

3)HOG 特征

梯度方向直方图(histograms of oriented gradient，HOG)特征是一种图像梯度方向的描述子，由 Dalal 等[13]针对行人检测问题提出。首先将图像分成小的连通区域，然后采集连通区域中各像素点的梯度或者边缘方向的直方图，最后将采集的直方图组合起来，构成 HOG 特征。图 1.3 为静态 HOG 特征提取示意图。

Ninomiya 等[14]探究了 HOG 描述子的识别能力及鲁棒性，并通过实验数据证明了 HOG 特征具有良好的抗光照干扰性。Paisitkriangkrai 等[15]将支持向量机(support vector machine, SVM)与 HOG 特征相结合，评估了不同参数对 HOG 特征的影响。Wu 等[16]针对行人检测问题将 HOG 特征与 Haar 特征相融合，取得了较好的效果。顾志航等[17]针对传统 HOG 在行人检测时常出现的漏检、误检等问题，提出了将 HOG 特征与局部自相似(local self similarity, LSS)特征相融合的方法，一定程度上降低了漏检、误检的情况。万源等[18]针对人脸识别准确率不高的情况，提出了基于 LBP 和 HOG 的分层特征融合方法，很大程度上提高了人脸的识别率。Dang 等[19]提出了一种改进的 HOG 描述子，忽略人体被衣服遮挡的部分，减少了整体的运算量，一定程度上提高了行人检测效率。杨松等[20]将改进的 HOG 特征应用于建筑物的识别中，利用 SVM 学习方法实现了建筑物的识别。

HOG 特征的优点是能较好地捕捉局部形状信息且具有几何和光学的不变性，缺点在于很难处理遮挡问题。

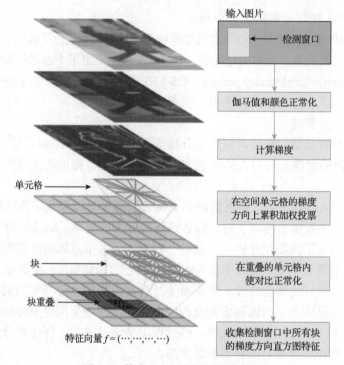

图 1.3　静态 HOG 特征提取示意图

4) Haar-like 特征

Haar-like 特征[21]是一种图像矩形数值特征，比较适合检测水平、垂直及边缘对称的物体，因此常被用于车辆检测[22-24]、车辆识别[25,26]和行人检测[27]等。Haar-like 特征的优势在于能更好地描述明暗变化。但与 LBP 特征相比，Haar-like 特征提取效率相对较低。如图 1.4 所示，Haar-like 特征的特征值是通过计算特征中黑色填充区域的像素值之和与白色填充区域的像素值之和的差值得到的，根据

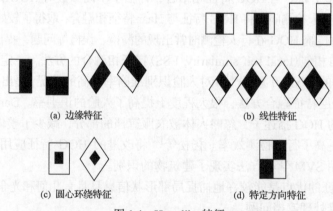

(a) 边缘特征　　　　　　　　　　　　　　(b) 线性特征

(c) 圆心环绕特征　　　　　　　　　　　　(d) 特定方向特征

图 1.4　Haar-like 特征

其几何特点不同，通常分为边缘特征、线性特征、圆心环绕特征和特定方向特征。

目前，除以上四种图像特征外，常用的图像特征还有 Canny 特征[28]、Laplace-Gaussian 特征[29]和形状上下文(shape contexts)特征[30]等。

提取像素特征后，需要使用分类算法对像素点进行分类。常用的分类器有神经网络分类器、SVM 分类器、朴素贝叶斯分类器和随机森林分类器等。

1) 神经网络分类器

神经网络分类器是一种基于人工神经网络的算法，它可以通过学习数据中的模式对不同种类的数据进行分类。神经网络分类器的突出优点在于识别率高、识别速度快，因此被广泛使用。钟志权等[31]利用卷积神经网络(convolutional neural network, CNN)提出了一种左右眼识别方法。赵鹏等[32]利用深度卷积-递归神经网络实现了对手绘草图的识别。毛存礼等[33]利用深度神经网络(deep neural network, DNN)实现了对有色金属领域实体的识别。Wu 等[34]利用反馈权卷积神经网络实现了步态的识别。但是，神经网络存在一定的缺陷，如算法复杂度高、训练速度慢等。

2) SVM 分类器

SVM 是一个由分类超平面定义的判别分类器，既适用于分类算法，也适用于回归算法。其最大的优点在于当数据量有限时，依然具有较高的性能，因此被广泛应用于训练数据有限的情况。孙继平等[35]利用 SVM 实现了煤岩图像的自动识别。杨殿阁等[36]利用 SVM 实现了汽车转向与换道行为的识别。祝俪菱等[37]利用 SVM 实现了对车辆驾驶行为的识别。Zhou 等[38]提出了一种将模糊 SVM 与混合核函数和遗传算法(genetic algorithm, GA)相结合的控制图模式识别(control chart pattern recognition, CCPR)方法，对控制图模式进行识别。同样，SVM 也存在一些缺陷，例如，对大规模训练样本难以实施，可处理的类别数有限，难以解决多类别的分类问题等。

3) 朴素贝叶斯分类器

朴素贝叶斯分类器[39]是一种通用的分类器，它假设特征为高斯分布且统计上互相独立。由于其在某些特殊情况下，分类效果极佳，所以也被部分研究者使用。张敏等[40]使用朴素贝叶斯分类器实现了大鼠体态的自动识别。翟治芬等[41]使用朴素贝叶斯分类器实现了棉花盲椿象危害等级的识别。王池社等[42]使用朴素贝叶斯分类器实现了蛋白质界面残基的识别。Zeng 等[43]使用朴素贝叶斯分类器实现了对中文人名的识别。但是朴素贝叶斯分类器对于特征为高斯分布的假设要求过于苛刻，在很多情况下并不能完全满足，因此应用范围受到了极大限制。

4) 随机森林分类器

随机森林分类器[44]是一种由多个决策树[45]分类器组成的强分类器，因具有较强的处理高维度数据的能力且不需要进行特征选择等优点被广泛应用。Shotton 等[7]利用随机森林分类器进行像素分类，实现了实时的人体姿态识别。另外，由于随机森林分类器的训练样本集随机选取，即每次决策树采用不同的训练集进行学习，一定程度上避免了过拟合现象的发生。但随机森林分类器同样存在一定缺陷，例如，在某些噪声较大的分类问题上仍会出现过拟合现象，不适用于处理类别划分较多的数据。

由上述分类器优缺点可知，分类器并无好坏之分，在选择分类器时，需根据具体数据和场景要求具体分析。

2. 基于深度学习的图像分割算法

深度学习是一种利用深度神经网络来进行特征表达的技术。由于其可以自动学习特征，不需要设计复杂的特征算法，在近几年得到了广泛的应用。Shelhamer等[46]提出的全卷积网络(full convolution network, FCN)奠定了基于深度学习语义分割研究的基础，实现了网络的全卷积化，使网络可以接收任何大小的输入，且网络的输出是空间图像而不是类别分数。虽然 FCN 相比基于像素点的人工特征提取分类算法的语义分割方法已取得了很大的进步，但是仍存在一定的局限性。例如，在输出最终的语义分割图像时，使用反卷积进行 8 倍上采样的方式，造成 FCN 对图像细节不敏感，导致语义分割的错误操作；在进行逐像素分割时，没有考虑像素之间的关系，在空间上缺乏一致性。FCN 结构如图 1.5 所示。

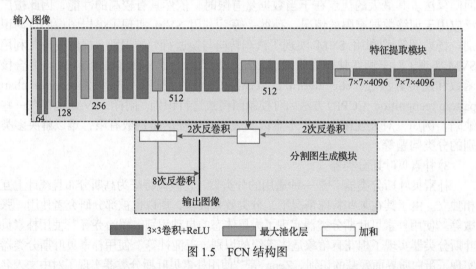

图 1.5　FCN 结构图

为解决 FCN 语义分割图粗糙的问题，Liu 等[47]提出将上下文信息融合到网络中，以提高语义分割性能。该方法将每一层的平均特征增加到相应位置的特征上，从而将上下文信息融合到了 FCN 中。Badrinarayanan 等[48]提出了一种编码器-解码器的体系结构，以融合更多的上下文信息。网络的编码器使用成熟的分类网络[49]进行特征提取，解码器使用编码器相应位置的索引进行上采样。Chen 等[50]采用深度卷积神经网络与全连接条件随机场相结合的方式，提出了 DeepLabv1 网络，通过引入全连接条件随机场解决了 FCN 不考虑像素之间关系的问题，并使用空洞卷积减轻了由下采样引起的分辨率损失问题。Chen 等[51]在 DeepLabv1 网络的基础上，提出了采用空洞空间金字塔池化方法来获取多尺度特征的 DeepLabv2 网络结构。此后，Chen 等[52]又提出了 DeepLabv3 网络，通过使用空洞卷积和改进的空洞空间金字塔池化模块来捕获更多上下文信息。

上述研究成果中，语义分割图的精度虽然得到了提高，但是依然存在对小尺度物体分割性能差的缺点。针对这个问题，Kampffmeyer 等[53]提出将基于区域和基于像素的卷积神经网络用于语义分割，这不仅提高了整体的语义分割精度，也实现了对小尺度物体的良好分割性能。Takikawa 等[54]提出了使用两个并行结构进行语义分割的方法。第一个结构采用传统的分割卷积网络，第二个结构以语义边界的形式处理形状信息。引入门控卷积层使第二个结构只处理边界相关的信息，提高了分割较小对象的性能。Yang 等[55]提出使用一种由窄深度网络(neep deep network, NDNet)创建的实时分割模型，通过插入额外小对象方式增强数据集。该方法提升了对小尺度物体的分割性能。

针对网络模型参数多、计算量较大的问题，Ronneberger 等[56]提出结构更加整齐的编码器-解码器体系结构 U-Net，只要少量的图像数据就能实现良好的分割性能，是一个轻量化网络。Paszke 等[57]提出一种高效神经网络 ENet，可以满足低延迟分割任务的需求。Zhao 等[58]提出一种图像级联网络 ICNet，该网络使用级联图像作为输入，采用级联特征融合单元进行特征融合，在级联标签指导下进行训练。Alperovich 等[59]提出一种全卷积自动编码网络，采用带有残差层的深层网络对水平和垂直的极平面图像的堆栈进行联合编码。

基于深度学习的语义分割技术已经在各个领域中得到了广泛应用，包括无人驾驶领域[60,61]、地理信息领域[62,63]、医疗影像分析领域[64,65]等，但在机械装配体分割领域中的应用较少，主要有以下几个原因：①机械产品结构复杂，零件之间遮挡严重，导致机械装配体分割不准确；②机械零件颜色纹理信息单一，机械装配体的分割难度大；③在机械装配体分割任务中，缺乏专用的已标注数据集，而数据集是研究的基础。

3. 深度图像语义分割研究现状

机械装配体颜色信息较少且缺少纹理，不宜利用彩色图像进行分割。深度图像中像素值的含义是实际物体到传感器之间的深度，可以描述物体的三维信息。相较于彩色图像，深度图像具有不受光照、色度等环境因素干扰的优点。表 1.1 给出了彩色图像与深度图像的特性对比情况。

表 1.1　彩色图像与深度图像特性对比

图像类型	通道数	是否受颜色影响	是否受光照影响	是否受阴影影响	是否受物体纹理影响	是否能描述三维信息
彩色图像	3	是	是	是	是	否
深度图像	1	否	否	否	否	是

目前，国内外对深度图像的语义分割技术进行了大量研究，取得了一些成果。郭清达等[66]利用融合了深度信息的 RGB-D 数据，经坐标转换形成点云数据，提出了使用点云空间投影的 RGB-D 点云分割技术。杜廷伟等[67]首先将从 Kinect 获取的深度图像转换成三维点云数据，然后对三维点云数据中存在的噪声进行处理，最后利用高斯混合模型进行聚类，实现分割。范小辉等[68]将深度图像转换成点云数据，利用激光雷达扫描线的角度阈值去除地面点云数据，并利用改进的带噪声的基于密度的应用程序空间聚类方法，实现了对非地面点云数据的聚类分割。以上方法都是将深度信息转换成点云数据再进行分割的，存在转换后的点云数据混乱、数据处理计算量大的缺点，难以保证该类方法的实时性。

左向梅等[69]首先获取 RGB-D 图像，接着对该图像进行分割，然后利用随机森林分类器对图像分割后的三维模型进行识别与匹配，最后根据 RGB-D 图像中的深度信息与三维模型实现场景物体识别与匹配。Gupta 等[70]首先利用 RGB-D 图像进行目标检测，然后标记检出的对象，最后利用决策林的方法实现语义场景的分割。以上方法是先将深度图像与彩色图像进行相互补充，然后进行分割，即需要先对彩色图像与深度图像进行配准，增加了数据处理量和计算量。

本书将深度图像作为一般的灰度图像进行处理，利用深度图像中的深度信息，减少额外的计算量。

1.2.2　装配操作监测的研究现状

装配操作监测主要涉及监测操作人员装配动作、监测装配工具位置姿态以及监测装配动作重复次数等。接下来将从动作识别、目标检测和人体姿态估计三个方面，分析当前国内外的研究现状。

1. 动作识别研究现状

装配动作监测属于人体动作识别领域，对视频中人体动作进行分析与识别是计算机视觉领域的一个重要研究方向。一般而言，人体动作识别主要分为基于传统机器学习的方法和基于深度学习的方法。基于传统机器学习的方法一般是先提取视频帧的人工设计特征，随后由分类器分类或进行模板匹配[71]。传统机器学习方法中需要人工设计特征，数据预处理复杂，而深度学习方法能够自适应学习特征、数据预处理简单，因此基于深度学习的动作识别算法应用愈加广泛。

在基于深度学习的动作识别算法研究方面，Simonyan 等[72]提出了双流 CNN 模型，该模型由两个 CNN 分支组成，其中一个分支对三通道 RGB 视频帧进行卷积处理，另一个分支对提取视频帧的光流特征进行卷积处理，最后将两部分处理结果进行融合并由分类器分类。该方法虽然具有较高准确率，但由于需要提取光流特征，识别速度不佳，且不能对时间长的视频进行分析。Wang 等[73]提出了时间分割网络(temporal segment network，TSN)模型，该模型对双流 CNN 进行改进并结合稀疏时间采样和视频级别的监督，可以更加高效地识别长时间视频片段中的动作。Tran 等[74]提出的基于三维卷积神经网络[75](3D CNN)的 C3D 模型，在二维卷积神经网络(2D CNN)的基础上增加了时间维度，可同时学习时空特征，处理方法简单且识别速度快。Du 等[76]提出了基于循环神经网络(recurrent neural network，RNN)的循环姿态注意力网络(recurrent pose-attention network，RPAN)，并引入了姿态注意机制，使其可以自适应地学习动作姿态相关特征，从而进行动作分类。Donahue 等[77]提出了长期递归卷积神经网络(long-term recurrent convolutional network，LRCN)，将按时间顺序提取的卷积特征作为长短期记忆(long short-term memory，LSTM)网络的输入，可以更好地处理时域信息。

在动作识别工业应用方面，Coupeté 等[78]研究了机器人和操作员之间的协作任务(图 1.6(a))，使用 RGB-D 相机采集图像，利用隐马尔可夫算法进行技术手势识别，使机器人能够理解人类操作员刚刚执行的任务以便预测其动作，从而调整自身速度并在发生异常事件时做出正确的反应。Oh 等[79]研究了基于传感器的人机交互系统，使机器人可以通过人类身体动作、面部表情等来理解人类上身姿势的含义，从而做出相应反应。倪涛等[80]对吊装机器人识别人类肢体动作指令的方法进行研究，利用 CNN 模型实现了机器人对 9 组吊装指令的识别，提升了远距离人机交互能力(图 1.6(b))。Han 等[81]利用 RGB-D 传感器对建筑工人的动作进行监测，帮助管理人员对工人的操作进行分析，提高了生产效率及安全性。

(a) 人机协作　　　　　　　　　　(b) 吊装指令识别

图 1.6　动作识别应用

当前工业领域的动作识别应用中有些需要通过穿戴设备实现，这种方式不仅会造成工人动作不便，而且应用的成本高昂；有些需要通过基于传统机器学习算法的视觉技术实现，但这些方法存在特征提取复杂、识别准确率不高及效率低下等问题，难以真正地在工业中实施。因此，研究基于深度学习的装配动作识别方法，不仅可以避免显式特征提取，还可以提高装配动作监测的识别准确率及识别效率。

2. 目标检测研究现状

目标检测技术是处理和分析图像信息的一种主要方法，主要是探索图像或视频中存在的特定物体，并找到目标所在的位置。应用目标检测技术，能根据需求，识别装配图像内的装配工具、操作人员肢体等特征的位置及类型。应用目标检测技术检测装配图像，有助于装配操作监测。同样，当前目标检测技术主要分为传统机器学习和深度学习两类，其中基于深度学习的目标检测技术发展迅速。如图 1.7 所示，应用 YOLO(you only live once) 目标检测算法，能实时监测图像中螺栓(bolt)、螺钉(screw)、装配扳手(wrench)等的位置及类型(图中 wrench 0.9 表示识别到目标是装配扳手的概率为 0.9)，检测每幅图像所耗时间约为 0.35ms。

图 1.7　　目标检测装配应用示例

以 DPM(deformable part model，可变形部件模型)[82]为代表的基于传统机器学习的目标检测算法通常通过以下三步完成目标检测任务：①利用多种不同尺寸的滑动窗口选取图中的某些部分作为候选区域；②提取候选区域相关的视觉特征，如 Haar[83,84]、HOG[85]、尺度不变特征变换(scale-invariant feature transform，SIFT)[86]特征等；③利用 Adaboost[87]、SVM[88,89]等分类器进行分类。基于传统机器学习的方法需要针对不同的任务设计不同的视觉特征，训练步骤相对复杂，且要求技术人员在该领域有一定的经验。

近几年，随着深度学习的发展，目标检测技术已可以实现自适应提取特征的端到端的训练，检测准确率和检测速度都得到了大幅度提高。Girshick 等[90]提出的区域卷积神经网络(region-CNN，R-CNN)模型是第一个利用深度学习技术实现工业级应用的目标检测框架，R-CNN 模型首先通过选择性搜索算法从原始图像提取 2000 个左右的区域候选框，然后对候选区域进行强制尺寸缩放，使其尺寸保持一致，并通过预训练的 CNN 进行特征提取，最后利用 SVM 进行分类并通过线性回归来微调被识别物体边框的位置与大小。之后，Girshick[91]提出了快速 R-CNN（Fast R-CNN），首先利用预训练的 CNN 模型直接对输入图像提取图像特征，然后通过选择性搜索算法从特征图上提取区域候选框，接着对特征层上的每个区域候选框进行空间金字塔池化得到固定大小的特征表示，最后通过两个全连接层，分别使用 Softmax 分类器进行类别判断，基于回归模型进行边框位置与大小的微调。Ren 等[92]摒弃了采用选择性搜索算法选取候选框的方法，引入区域提议网络 Faster R-CNN，来预选出可能含有目标物体的高质量候选框，进一步提高了检测准确率及检测速度。以上基于深度学习的目标检测算法都是基于候选区域法，其本质为穷举法，因此检测速度较慢，难以满足实时性需求。Redmon 等[93]提出的 YOLO 目标检测模型不再使用枚举法选择候选区域，而是将对象检测作为回归问题，利用单个神经网络在一次训练中直接从完整的图像预测边界框和分类概率，整个检测过程是由单个网络直接完成，大大加快了检测速度，其检测速度约为 R-CNN 的 1000 倍。

3. 人体姿态估计研究现状

人体姿态估计技术是根据给定图像和视频，从中获取人体关节点的过程。在装配操作监测中，应用人体姿态估计技术，能检测操作人员的关节点变化，并用于进一步分析装配操作，达到监测目的。当前，人体姿态估计技术主要分为两类：一类是基于传统算法的人体姿态估计技术，该方法已被应用在 Kinect 等深度相机中；另一类是基于深度学习的人体姿态估计技术。

如图 1.8 所示，应用 Kinect 深度相机直接获取人体关节点数据，能用于检测

图 1.8　姿态估计示例

装配场景中操作人员的动作类型。但是由于 Kinect 传感器的识别距离受到限制且成本相对较高，在装配制造业中难以大规模应用。而基于深度学习的人体姿态估计技术，仅通过对普通颜色图像的处理就可以获取人体关节点坐标，这种基于颜色图像的识别方法不受距离限制且成本较低，更加符合工业应用。

目前已有一些基于深度学习的人体姿态估计算法。DeepPose 算法[94]将姿态估计表示为联合回归问题，将整幅图像输入到深度神经网络中，通过整幅图像对身体关节点进行回归，并经过一系列的级联姿势预测器提高关节定位的精度。Flowing ConvNets 算法[95]将人体姿态估计看成检测问题，首先利用全卷积神经网络对相邻的视频帧生成热图（heatmap），然后通过光流信息将前一时刻的热图融合进当前时刻的热图，最后将融合的所有热图中的最大值作为关节点。卷积姿态机（convolutional pose machine，CPM）算法[96]由多个阶段的卷积网络组成，这些网络重复产生每个关节位置的信念图，图像特征和前一阶段产生的信念图作为下一阶段的输入，最后通过这些信念图学习各阶段之间的关系，逐步生成关节点位置的精确估计。CPM 模型具有很强的鲁棒性，能够在保证精确度的情况下解决遮挡问题。堆叠沙漏网络[97]的结构形似沙漏状，对于输入的单张图像，使用多尺度特征获取人体各关节点的空间位置信息，输出人体关节点的精确位置，该模型由很多沙漏模块构成，每一个沙漏模块都由自上而下和自下而上结构组成，重复使用沙漏模块来推断人体的关节点位置。

在姿态估计应用研究方面，薛启凡等[98]研究了基于姿态估计的手语识别方法，首先利用姿态估计算法和单目相机获得手部坐标的三维特征数据，随后对坐标数据进行处理，最后用随机森林分类器实现手语的分类识别，该方法对帮助聋哑人与正常人沟通有一定的应用价值。王怀宇等[99]、宋爱国等[100]利用姿态估计算法，针对身体受伤的人或脑卒中患者设计了一种辅助肢体康复的视觉系统，通过采集患者肢体的姿态信息进行分析，可以实现对康复情况的评测，并引导进一步的康复动作。张浒等[101]利用人体姿态估计算法，通过对旅客的姿态信息进行分析，可以及时发现异常旅客行为并报警。高陈强等[102]发明了一种基于姿态估计的坐姿检测方法，对当代学生坐姿规范监测有一定参考意义。唐心宇等[103]研究了姿态估计在康复训练中的应用。当前姿态估计在人体康复、异常情况监测等领域的应用研究有了初步的成果，但是在装配制造业领域的应用研究目前还较少。

1.2.3　螺栓装配力/力矩监测的研究现状

螺栓装配是最基本的机械装配连接操作。监测螺栓扭矩能够检测螺栓装配操作是否符合装配工艺，确保产品装配质量。针对螺栓装配监测研究现状，本节分析螺栓装配力/力矩监测的工具及方法。

1. 螺栓装配监测研究现状

工厂中常用的螺栓装配监测工具有扭矩扳手、扭矩应力测试仪和基于视觉的螺母检测系统等，如图 1.9 所示。

(a) 预设报警数显式扭矩扳手　　　(b) 扭矩应力测试仪　　　(c) 基于视觉的螺母检测系统

(d) 传统测力矩扳手　　　　　　(e) 跳脱式定值机械式扭矩扳手

图 1.9 螺栓装配监测工具

扭矩扳手主要分为定力矩扳手、数显式扭矩扳手。定力矩扳手需要提前设定螺栓额定扭矩，当螺栓到达额定范围时，扳手自动跳脱，完成螺栓装配过程。这类扳手可以有效避免螺栓出现拧紧过度或滑丝等问题，但无法实时测量扭矩。数显式扭矩扳手应用传感器测量，通过数显屏幕实时显示扭矩数值[104]。这类扳手价格昂贵，并且内部的传感器元件易受装配环境影响。扭矩应力测试仪[105]能够实时监测高强度螺栓的松动情况，但这种监测方法是面向产品的，监测结果具有滞后性并且扭矩应力测试仪中的超声元件、压电元件受工作环境影响较为严重。定力矩扳手、数显式扭矩扳手和扭矩应力测试仪均是以设备为中心的扭矩监测，即传感器安装在设备上，价格昂贵；而定力矩扳手、数显式扭矩扳手的传感器及其附属系统还增加了扳手的工作空间，限制了扳手的应用。

在螺栓检测方面，宫振宁[106]建立了基于视觉技术的螺栓装配检测系统。该系统使用固定在生产线上的相机，拍摄得到装配体加工过程的 RGB 图像，应用边缘分割算法和霍夫变换(Hough transform)算法，检测装配螺栓序号，识别图像中螺母的边缘特征。

通过上述研究发现，当前螺栓装配监测的主要方法是将传感器和工业相机等监测设备固定在装配工具或生产线上，通过分析信号和图像特征实现螺栓装配监测，这种方法便携性较差且受装配空间限制。

可穿戴式传感器具有携带方便、受装配环境影响小的特点。当前，可穿戴式传感器主要采集人体表面肌电图(surface electromyography，sEMG)信号等体特征信号，应用特征信号实现机器控制、人机交互等。因此，本书将进一步分析 sEMG 信号的应用研究现状。

2. 表面肌电图信号应用研究现状

sEMG 信号是常用的监测人体肌肉状态的时序信号，能直接反映人体肌肉运动情况，被广泛应用于手势识别[107,108]、康复医学[109,110]、人机交互[111,112]领域。随着深度学习技术的发展和相关研究的兴起，sEMG 信号具有广泛的应用价值。

当前，采用 sEMG 信号识别手势类型的相关研究取得突破性发展。胡命嘉等[113]采用粒子群优化算法和 SVM 分类器，实现了基于 sEMG 信号的手势识别。实验证明，识别准确率达到 97.3%，优于传统的 SVM。SVM[114]属于机器学习技术的一种，相比 CNN，该方法需要人工提取特征，导致特征存在主观因素。刘二宁等[115]应用 sEMG 信号实现了扭腰、弯腰、侧弯腰三种动作类型的识别，并且提出了小波包能量与改进基于带外源输入的非线性自回归神经网络(based on the nonlinear autoregressive with exogenous inputs neural network，NARX)结合的新型分类识别算法，识别准确率可达到 96.7%。该研究首先采用小波变换方法提取 sEMG 信号的运动特征，再通过小波包函数将特征分解成不同频段信息，最后应用 NARX 实现动作识别。该方法虽然采用了神经网络模型，但使用的是人工提取特征的方法，结果仍然存在一定的主观因素。Josephs 等[116]采用基于简单注意力模块的全卷积神经网络框架，通过训练后，测试效果在公有数据集中有明显提升，其中 NinaPro DB5 的测试准确率为 91%。Ninapro DB5 数据集[117]包括 sEMG 信号和手臂的加速度信号以及 53 类手势动作类型。结果表明，采用神经网络技术分析多通道 sEMG 信号特征、识别多分类手势动作类型，可以取得良好效果。

近年来，采用神经网络技术分析 sEMG 信号变化，实现人体肌力估计的方法也得到广泛应用。吴常铖等[118]应用广义回归神经网络(generalized regression neural network，GRNN)，提出了一种基于 sEMG 信号估计手部输出力的方法。该方法采用 8 个可粘贴的肌电传感器采集手臂不同方位的 sEMG 信号，并且测量人手在三维空间中的输出力，建立输出力的特征矩阵，应用 GRNN 建立 sEMG 信号与特征矩阵的联系，实现输出力估计。另外还对比了 sEMG 信号绝对值均值、方差、过零点数、Willison 幅值四类时域特征预测精度，结果表明 sEMG 信号绝对值均值预测精度最高，过零点数预测精度较低且个体差异性最大。Ma 等[119]采集操作人员小臂的多通道 sEMG 信号，采用基因表达式编程(gene expression programming，

GEP)算法和反向传播(back propagation，BP)神经网络建立网络模型，预测假肢不同抓取方式下的抓取力并应用均方根误差(root mean square error，RMSE)和相关系数(R^2)两个指标分析算法的性能。结果表明 GEP 算法优于 BP 神经网络，最佳平方根误差为 7.5%。通过对比不同抓取方式发现，采用拇指和食指共同配合的抓取方式，预测抓取力的准确率最高(RMSE=(5.941±0.188)%)。Ma 等[119]还提出一种动态自主收缩力估计的网络框架，该框架实现了手臂姿态变化时的肘关节弯曲力估计。

　　sEMG 信号可以直接反映人体运动特征，应用分类神经网络、SVM 等可以实现人体动作类型的识别，应用回归神经网络可以实时估计人体肌力大小。但在机械装配领域，应用 sEMG 信号监测装配动作类型的相关研究较少，监测螺栓装配力/力矩的相关研究更少。

　　在机械装配领域，主要使用 sEMG 信号和惯性信号监测装配操作的规范程度。Tao 等[120]使用 Myo 臂环和工业相机实现了多模态的工人装配操作活动识别，如图 1.10 所示。首先，采用 Myo 臂环采集惯性信号和 sEMG 信号，使用工业相机采集视频信息；其次，将 sEMG 信号和惯性信号组合成图像特征，采用 CNN 进行学习；最后，实现装配动作类型的识别。在两类自制数据集中，识别准确率分别达到 97% 和 100%。通过装配实验发现，应用惯性信号和 sEMG 信号的识别准确率为 90.2%，单独应用图像信息的识别准确率为 86.8%(VGG 模型[121]) 和 80.8%(C3D 模型[75])。这表明相比图像信息，可穿戴设备采集的信号能更准确地表达人体运动特性，识别准确率更高，更适用于机械装配场景。

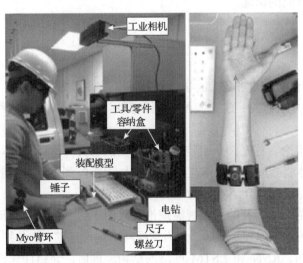

图 1.10　基于可穿戴设备和工业相机的装配动作监测

胡家坌等[122]采用惯性测量单元和肌肉脉动测量单元采集操作人员在操作过

程中产生的惯性信号和 sEMG 信号，并应用这两类信号判断操作人员的运动状态，控制工业机器人，实现远程示教。Yang 等[123]采用一对 Myo 臂环捕捉操作人员手臂的运动信息，通过李雅普诺夫(Lyapunov)理论与神经网络结合，实现操作人员控制工业机器人进行装配操作，并确保机器人运动误差在规定的瞬态和稳态控制行为范围内，如图 1.11 所示。

可穿戴设备

图 1.11 基于可穿戴式传感器的机器人远程控制

通过上述研究发现，可穿戴式传感器采集的 sEMG 信号和惯性信号，既可以用于实现机器人远程控制，又可以用于识别装配动作类型、监测装配过程。但上述研究主要使用 sEMG 信号和惯性信号解决定性问题，并没有解决监测装配力/力矩等定量问题。因此，使用 sEMG 信号，采用神经网络等方法实时监测装配力/力矩，是急需研究的课题。

1.3 本书主要内容

本书采用计算机视觉、机器学习等技术，实现装配体监测、装配操作监测和螺栓装配力/力矩监测；建立装配监测数据集，针对性地优化网络模型和特征提取方式。

第 1 章为绪论。首先，介绍装配过程监测的意义。然后，针对三类装配过程监测，即装配体监测、装配操作监测、装配力/力矩监测，分析当前的国内外研究现状及其发展趋势，并介绍本书的主要内容。

第 2 章介绍书中涉及的人工智能理论及应用平台。首先，介绍机器学习中随机森林分类器的基本原理。然后，介绍神经网络理论基础，并分别分析传统的 BP 神经网络、CNN、RNN 和 LSTM 网络的结构。最后，介绍计算机视觉理论和图像特征的提取方式以及所用的开发平台等。

第 3 章介绍深度图像标记样本库构建。所建样本库主要包括合成深度图像标记样本库和真实深度图像标记样本库。在构建合成深度图像标记样本库时，首先建立装配体三维模型，并利用颜色标记各零件模型，然后利用开源图形引擎(open scene graph, OSG)进行三维渲染，生成合成模型深度图像及对应的颜色标签图像，最后旋转模型获取不同视角下的深度图像及颜色标签图像，得到合成深度图像标记样本库。在构建真实深度图像标记样本库时，首先利用 Kinect 2.0 深度传感器采集真实装配体深度图像并进行空洞填充及平滑处理，然后采用人工标记法标记各零件，最后整理不同视角下的真实深度图像与颜色标签图像，得到真实深度图像标记样本库。

第 4 章介绍基于像素点特征提取算法的装配体监测方法。首先提出 PX-LBP 算子，在经典 LBP 算子的基础上加入起始像素点数、每个中心像素点的邻域数以及每个邻域所产生 LBP 的数量等，实现基于 LBP 算子的像素分类。然后在经典深度差分特征提取算法的基础上引入边缘因子，提出对经典深度差分特征提取算法的改进方法，进而实现深度图像的像素分类。接着进行装配体深度图像像素分类，在提取 PX-LBP 特征和深度差分特征之后，选择随机森林分类器进行像素分类，并通过实验确定各相关参数，输出像素分类预测图像，实现装配体深度图像像素分类。最后提出基于深度图像的零件识别及装配监测方法，对比像素预测图像与颜色标签图像，实现对装配体各零件的判断；对比待测状态像素预测图像与正确装配像素预测图像，计算并分析前者相对于后者的像素重合率和像素减少率，实现装配监测功能。

第 5 章介绍三种基于深度学习的装配体监测方法。第一种方法为基于多跳跃式全卷积神经网络的装配体深度图像语义分割方法。该方法在全卷积神经网络的第二个最大池化层和第一个最大池化层引入跳跃结构，使网络融合更多的低阶特征。第二种方法为基于可训练引导滤波器和多尺度特征图的装配体深度图像语义分割方法。该方法首先在全卷积神经网络的第二个最大池化层引入跳跃连接获取更多的低阶特征，弥补特征图预测时细节信息不足的问题；然后在每个跳跃连接操作后添加卷积和非线性变化来加深网络模型的复杂度，提高模型的数据拟合能力，并通过融入可训练引导滤波器解决图像分割边缘模糊的问题；最后融入多尺度特征图获取不同尺度的零件信息，加强对小零件的分割能力。第三种方法为基于 U-Net 的装配体深度图像轻量级语义分割方法。该方法在 U-Net 基础上融合本书改进的选择性核模块，使网络模型可以根据获得的信息自适应调整感受野的大小，提高网络模型提取特征的效率。改进的选择性核模块大大减少了模型的参数量，降低了计算复杂度，使网络模型更加轻量化。

第 6 章介绍基于深度学习的装配操作监测。针对装配工具检测以及基于姿态估计的装配动作重复次数检测，首先提出一种改进的 3D CNN 模型，该模型可大幅提高模型收敛速度，实现对装配动作的监测。然后介绍如何利用目标监测算法实现对装配工具的监测，并对比几种常见的基于深度学习的目标检测模型。最后研究基于姿态估计的装配动作重复次数检测方法，提出利用目标检测算法代替常规动作识别算法检测装配动作发生时间点的方法，并结合姿态估计算法实现装配动作重复次数的判断。

第7章针对装配力/力矩监测设计螺栓装配扭矩实验台，并建立相关数据集；基于CNN进行装配扭矩分类粒度估计，实现通过分类预测装配扭矩的方法；应用回归神经网络预测装配扭矩。首先，设计用于数据采集的螺栓装配扭矩实验台，制定实验台的使用要求，确定数据采集方法，建立扭矩分类数据集和扭矩回归数据集，并针对不同数据集和实验台的采样频率，分别对不同类型数据进行预处理；然后，提出一种单独采用sEMG信号，应用CNN估计扭矩分类粒度的方法，并提出多粒度分割并行卷积神经网络(multi-granularity split parallelism convolutional neural network，MSP-CNN)模型；最后，提出一种采用sEMG信号和惯性信号，应用回归神经网络直接预测螺栓装配扭矩的方法，并提出两类神经网络模型，即基于异构卷积核的时空卷积神经网络(Het-TCN)和双流CNN模型，应用训练好的神经网络模型实时估计装配扭矩，并与真实扭矩对比，进行误差分析。

第8章对本书研究内容进行总结，并对将来的研究方向进行展望。

第 2 章　人工智能技术基础

　　本书描述的内容为基于人工智能技术的装配过程监测方法，即利用机器视觉、人工智能等技术实现装配过程监测的自动化和智能化，推动智能制造发展。本章介绍相关人工智能技术的基础知识，主要包括随机森林分类器、神经网络技术基础和开发平台。

2.1　随机森林分类器

　　随机森林分类器是机器学习领域应用比较广泛的一种分类器。简单来说，随机森林分类器就是一个包含多个决策树的分类器，所以在建立随机森林分类器之前，先要对决策树进行分析。

2.1.1　决策树模型

　　决策树是一种常用的有监督学习的机器学习算法，由节点和有向边组成树状结构，根节点是所有样本的集合，具体模型如图 2.1 所示。工作时，从根节点开始到叶节点为止，自上而下逐层分裂，叶节点是带有分类标签的数据集合，从根节点到叶节点的每一条路径都对应一种分类。

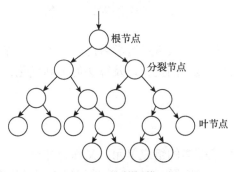

图 2.1　决策树模型

　　决策树具有结构简单直观、计算效率高、精度高等诸多优点，但同时也存在一些缺点，其中最严重的就是过拟合现象。虽然研究人员试图通过剪枝来降低过拟合现象对决策树最终结果的影响，但仍不能从根本上避免过拟合的发生。随机森林分类器能够很好地解决这一问题。

2.1.2　随机森林分类器模型

对于决策树，尽管剪枝等方法在一定程度上提高了分类准确率，但单棵树的分类能力仍然是有限的。如果将多棵决策树结合，其分类准确率则可以得到显著提高，因此就有了随机森林分类器。随机森林分类器克服了决策树泛化能力弱的缺点，避免了过拟合现象的发生，一定程度上提高了决策树的分类准确率。

图 2.2 为随机森林分类器模型。随机森林分类器中，每棵决策树单独工作，互不影响，且每棵树所使用的训练集都是从总的训练集中有放回地随机采样获取的。随机森林分类器通过多棵决策树投票结果进行分类，得到最后结果。因此，它不会像单棵决策树那样对同样的样本犯同样的错误，分类准确性得到了显著提高。

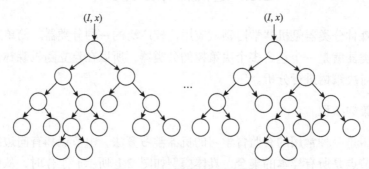

图 2.2　随机森林分类器模型

2.2　神经网络技术

神经网络技术是通过模拟人脑进行学习的一种人工智能技术。近年来，随着数据量的剧增、硬件计算能力的提升以及算法的不断优化，神经网络技术也得到了广泛应用。

2.2.1　单层感知器

感知器是神经网络最基本的组成单元，又称为神经元。感知器可用来解决线性分类、线性回归和二分类问题。图 2.3 为单层感知器结构图。

感知器由输入、权值、激活函数和输出四部分组成。其中，输入部分除了可以接收多个输入外，还需要一个偏置项，即图 2.3 中的 b，权值和偏置值都为待学习优化的值。激活函数常采用阶跃函数对求和后的值进行激活，阶跃函数公式如下：

$$f(z) = \begin{cases} 1, & z > 0 \\ 0, & \text{其他} \end{cases} \tag{2.1}$$

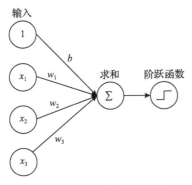

图 2.3　单层感知器结构图

输出部分 Y 由输入部分 x 和相应权值 w 相乘后与偏置值 b 累加, 再由激活函数 f 激活得到, 具体公式如下:

$$Y = f\left(\sum_i x_i w_i + b \right) \tag{2.2}$$

在训练阶段, 感知器利用样本真实值 t 与预测值 y 之间的误差来不断更新权值 w_i 和偏置值 b, 公式如下:

$$w_i \leftarrow w_i + \Delta w_i \tag{2.3}$$

$$b \leftarrow b + \Delta b \tag{2.4}$$

式中,

$$\Delta w_i = \eta(t - y)x_i \tag{2.5}$$

$$\Delta b = \eta(t - y) \tag{2.6}$$

其中, t 为真实值; y 为预测值; η 为控制权值更新幅度的学习率。

2.2.2　全连接神经网络

全连接神经网络由基本的神经元组成。将神经元按一定的层次结构进行连接就形成了神经网络, 若每一层神经元都和它相邻层的所有神经元相连, 就是全连接神经网络。图 2.4 为一个简单的全连接神经网络结构图。全连接神经网络一般由输入层、隐藏层和输出层构成。

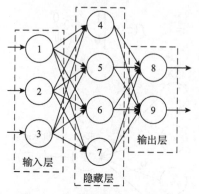

图 2.4　全连接神经网络结构图

1. 非线性表示

由于神经元不具备学习非线性特征的能力，在全连接神经网络中，激活函数不再是阶跃函数，而是 Sigmoid 和 Tanh 等非线性激活函数。Sigmoid 和 Tanh 激活函数的公式如式(2.7)和式(2.8)所示，相应函数曲线如图 2.5 所示。

$$\text{Sigmoid}(x) = \frac{1}{1+\mathrm{e}^{-x}} \tag{2.7}$$

$$\text{Tanh}(x) = \frac{\mathrm{e}^x - \mathrm{e}^{-x}}{\mathrm{e}^x + \mathrm{e}^{-x}} \tag{2.8}$$

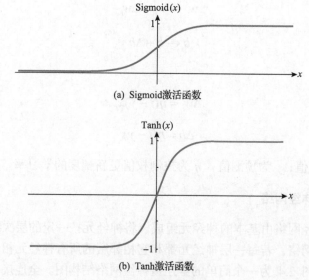

(a) Sigmoid激活函数

(b) Tanh激活函数

图 2.5　激活函数

2. 反向传播算法

　　在训练和优化神经网络时，首先将输入向量向前传播，计算输出值；然后根据输出值与实际值之间的误差，通过反向传播算法不断迭代更新权值参数。反向传播算法就是通过输出值与真实值之间的误差，将误差一步步反向传递，根据对应误差值利用梯度下降法不断更新权值的一种有效方法。利用该方法不断迭代训练，即可找到神经网络模型权值的最优解。全连接神经网络的自动学习过程实质就是权值更新过程，神经网络权值更新流程如图 2.6 所示。

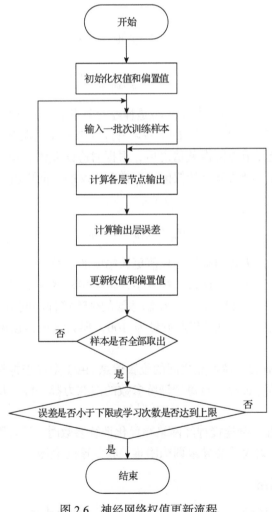

图 2.6　神经网络权值更新流程

在计算全连接神经网络的输出时，首先需要将输入向量 X 分配给输入层中的相应神经元,然后将输入向量与相应的权值向量相乘,随后将相乘结果累加,再经过激活函数激活,得到下一层神经网络对应位置的输出值,如此一层一层传播,最后将会得到输出向量 Y。例如,图 2.4 中神经元 4 的输出值 a_4 的计算公式如下:

$$a_4 = \text{Sigmoid}(wx) = \text{Sigmoid}(w_{41}x_1 + w_{42}x_2 + w_{43}x_3 + w_{4b}) \tag{2.9}$$

式中,w_{4b} 是输入层的偏置值;激活函数为 Sigmoid。

以图 2.4 为例,假设输出层每个神经元节点的值用 y_i 表示,真实值用 t_i 表示,神经元节点 i 的误差值为 δ_i。通过反向传播算法可以求得输出层和隐藏层的误差值,计算公式如下:

$$\delta_i = y_i(1-y_i)(t_i-y_i) \tag{2.10}$$

$$\delta_i = a_i(1-a_i)\sum_{k\in\text{outputs}} w_{ki}\delta_{ki} \tag{2.11}$$

式中,a_i 是神经元节点 i 的输出值;w_{ki} 是神经元节点 i 到它的下一层神经元节点 k 的连接权值;δ_{ki} 是神经元节点 i 的下一层神经元节点 k 的误差项。

得到所有神经元节点的误差值之后,根据对应误差值,运用梯度下降法更新相应的权值,梯度下降法就是让权值沿着梯度相反的方向更新。更新权值 w 的公式如下:

$$w_{ji} \leftarrow w_{ji} + \eta\delta_i x_{ji} \tag{2.12}$$

式中,η 为学习率,主要用来控制权值更新幅度的参数。

由于全连接神经网络的连接结构复杂,全连接神经网络有一些明显的缺陷。

(1)参数量太多。假设只含有一个隐藏层的全连接神经网络,输入图像的分辨率为 100×100 像素,隐藏层节点数量为 100,那么该全连接神经网络需要学习 100 万个参数。

(2)不能很好地利用像素点之间的位置信息。由于全连接神经网络对所有的参数都同等对待,训练过程中对每个训练参数的注意力都一样,从而忽略了邻近像素点之间的联系。

(3)收敛速度慢。全连接神经网络在优化训练参数时,常采用梯度下降法进行优化,但其参数量太大,会导致训练困难,收敛速度变慢。

2.2.3 卷积神经网络

为了弥补全连接神经网络的缺点,LeNet-5[124]网络应运而生。LeNet-5 是一种卷积神经网络,该网络通过其特有的卷积操作和下采样操作,实现了神经元的局部连接、卷积核的权值共享，使训练参数大幅减少，很好地克服了全连接神经网络的缺点，在计算机视觉领域展现出了极大优势。

卷积神经网络一般由输入层、卷积层、池化层、全连接层和输出层组成。其训练流程大致如下：首先利用卷积核对输入层进行卷积操作，然后由激活函数激活，得到卷积层，随后卷积层通过池化操作得到池化层；在经过几次卷积、池化操作后，输出值被传递给全连接层，全连接层对卷积层提取到的特征进行组合并传给输出层，输出层又经 Softmax 函数处理后进行分类，分类误差通过反向传播不断更新卷积核权值及偏置值。图 2.7 为一个简单的卷积神经网络模型示意图。

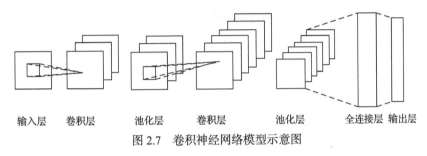

输入层　　卷积层　　　池化层　　　卷积层　　　池化层　　　全连接层 输出层

图 2.7　卷积神经网络模型示意图

1. 卷积层

简单来说，卷积层就是通过卷积核对输入图像进行扫描并与对应位置进行卷积操作，再经过激活函数激活得到。卷积操作的示意图如图 2.8 所示。利用卷积核中的元素与输入图像的对应元素相乘加权，并由激活函数激活，得到输出层的第一个元素。卷积神经网络中一般采用 ReLU 激活函数，该函数在一定程度上解决了梯度消失和梯度爆炸问题。ReLU 激活函数如下：

$$\mathrm{ReLU} = \max(0, x) \tag{2.13}$$

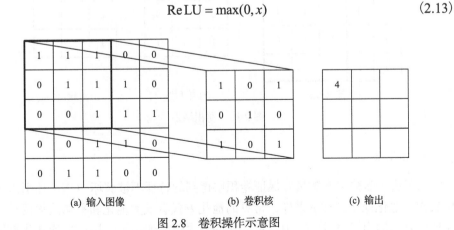

(a) 输入图像　　　　　　　(b) 卷积核　　　　　　(c) 输出

图 2.8　卷积操作示意图

ReLU 激活函数曲线如图 2.9 所示。

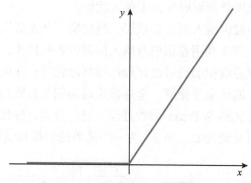

图 2.9 ReLU 激活函数曲线

若用 w_b 表示偏置值，则卷积公式表示如下：

$$a_{i,j} = f\left(\sum_{m=0}^{2}\sum_{n=0}^{2} w_{m,n}x_{i+m,j+n} + w_b\right) \tag{2.14}$$

式中，$a_{i,j}$ 为输出层对应位置的值；$f(x)$ 为激活函数；$x_{i+m,j+n}$ 为输入图像对应位置的元素；$w_{m,n}$ 为卷积核对应位置的权值。

令卷积核以固定的步长对输入图像从左到右、从上到下进行扫描，分别与对应区域进行卷积操作并输出，最后的卷积结果如图 2.10 所示。

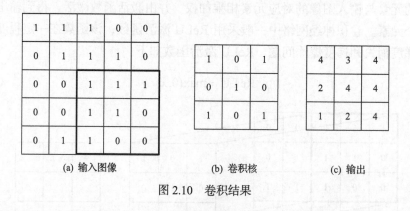

(a) 输入图像　　　　(b) 卷积核　　　　(c) 输出

图 2.10 卷积结果

2. 池化层

为了进一步减少参数量并保证卷积层得到的特征不被破坏，CNN 还引入了池化操作。池化操作又称下采样，常见的池化方式有最大池化和平均池化两种。最大池化是取输出层(特征图)中一定区域的最大值传递给下一层；平均池化是取一定区域的平均值传递给下一层，这样既保证了局部信息不被破坏，还大大降低了参数量。图 2.11 和图 2.12 分别为最大池化和平均池化方式的示意图。

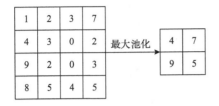

图 2.11　最大池化

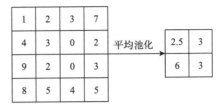

图 2.12　平均池化

3. 全连接层及输出层

在 CNN 中，为了将卷积层学到的高级特征进行组合，通常会加入全连接层。全连接层对高级特征进行组合后，传给输出层进行分类，常采用 Softmax 函数将输出值转换为概率，并通过交叉熵损失函数计算损失，最后通过误差反向传播及梯度下降法不断优化网络权值直至模型收敛。Softmax 函数表示如下：

$$s_i = \frac{\mathrm{e}^{V_i}}{\sum\limits_{i=1}^{C} \mathrm{e}^{V_i}} \tag{2.15}$$

式中，V_i 为每个输出分类的得分；C 为总的分类个数。

交叉熵损失函数表示如下：

$$L = \sum_{i=1}^{N} y^{(i)} \ln \hat{y}^{(i)} + (1 - y^{(i)}) \ln(1 - y^{(i)}) \tag{2.16}$$

式中，$y^{(i)}$ 为第 i 个类别的真实值；$\hat{y}^{(i)}$ 为第 i 个类别的预测值。

2.2.4　循环神经网络

RNN 主要用于处理序列数据，是将输入数据按顺序进行递归处理且所有循环单元按链式连接的一种递归神经网络。该神经网络主要应用于自然语言处理领域，如语音识别、机器翻译等，在处理时序信号时具有明显优势。在机械领域中，也广泛使用 RNN 处理时序信号[125]。

RNN 中循环单元的连接方式如图 2.13 所示。通过不断计算和迭代优化损失函数，使输出层的预测值与样本给出的确定值逐步逼近，达到预测曲线的效果。

RNN 具有三大连接特性，即循环单元与循环单元连接、输出节点与循环单元连接、基于上下文连接。

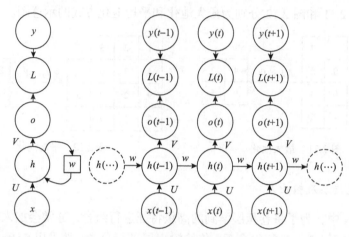

图 2.13　RNN 中循环单元的连接方式

循环单元与循环单元连接是指每一时刻的循环单元输出由上一时刻的循环单元的状态决定，$x(t)$ 循环单元的输入为 $x(t-1)$ 循环单元中的权值计算输出 $o(t)$，并将更新的权值传递给 $x(t+1)$，如式 (2.17) 所示：

$$h(t) = f\left(uh(t-1) + wx(t) + b\right) \tag{2.17}$$

输出节点与循环单元连接是输出节点输出结果优化损失函数，并将优化结果传递给下一个循环单元，如式 (2.18) 所示：

$$h(t) = f\left(uo(t-1) + wx(t) + b\right) \tag{2.18}$$

基于上下文连接是前一时刻特征状态通过更新，直接影响当前特征结果，如式 (2.19) 所示：

$$h(t) = f\left(ux(t-1) + wh(t-1) + Ry(t-1)\right) \tag{2.19}$$

式 (2.17)～式 (2.19) 中，w、R 为权值；b 为偏置值；$f(x)$ 为损失函数。

2.2.5　长短期记忆神经网络

LSTM 神经网络模型是为解决时序特征存在长期依赖问题而设计出来的一种 RNN 模型。该模型采用门结构，实现选择性信息传递，达到时序特征长期联系的效果。如图 2.14 所示，LSTM 神经网络模型比 RNN 模型增加了多类控制操作。采用多种模块构建信息节点并建立门结构，再使用 Tanh 激活函数，即实现了特征连接。

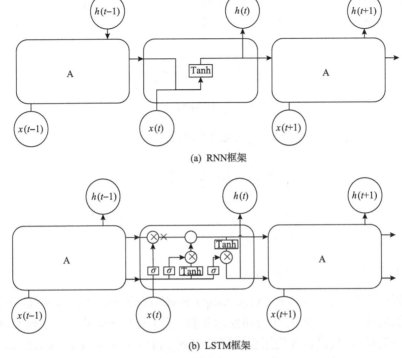

(a) RNN框架

(b) LSTM框架

图 2.14　RNN 和 LSTM 单元

LSTM 神经网络模型包括输入门、遗忘门和输出门三类门结构。遗忘门读取 $h(t-1)$ 和 $x(t)$ 的数据，通过公式计算得到范围为[0, 1]的数值。随着范围的增大，保留的特征逐渐增多，如式(2.20)所示：

$$f_t = \sigma\big(W_f\big[h(t-1), x(t)\big] + b_f\big) \tag{2.20}$$

式中，$h(t-1)$ 和 $x(t)$ 表示输入；σ 表示 Sigmoid 激活函数；W_f 为遗忘门网格权值；b_f 为遗忘门偏置参数。

输入门决定了参与单元状态处理的特征数量。其包含两个步骤，第一步用 σ 决定输入特征更新数量，第二步用 Tanh 函数生成向量更新单元状态，如式(2.21)和式(2.22)所示：

$$i_t = \sigma\big(W_f\big[h(t-1), x(t)\big] + b_i\big) \tag{2.21}$$

$$\tilde{C}_t = \sigma\big(W_C\big[h(t-1), x(t)\big] + b_C\big) \tag{2.22}$$

式中，C_{t-1} 更新 C_t；$i_t\tilde{C}_t$ 为新的候选值；W_C 为输入门网格权值；b_i 为输入门特征更新层偏置参数；b_C 为输入门单元更新层偏置参数。

输出门决定了输出的特征。具体方法为，首先用一个 Sigmoid 函数确定当前 LSTM 单元中决定输出的特征，然后用 Tanh 函数进行计算，确定最终决定输出的部分特征：

$$o_t = \sigma\left(W_o\left[h(t-1), x(t)\right] + b_o\right) \tag{2.23}$$

$$h_t = o_t \times \text{Tanh}(C_t) \tag{2.24}$$

式中，W_o 为输出门网络权值；b_o 为输出门偏置参数。

2.3 开 发 平 台

由于本书采用机器视觉、深度学习技术研究装配过程监测，下面对使用的机器视觉、深度学习开发平台进行简单介绍。

1. 机器视觉开发平台 OpenCV

开源计算机视觉库(open source computer vision library，OpenCV)是一个跨平台的计算机视觉库，由英特尔公司发起并参与开发。OpenCV 由一系列 C 函数与少量 C++类构成，提供标准应用程序接口(application programming interface，API)，实现了大量的图像处理和计算机视觉方面的通用算法，目前已广泛应用于计算机视觉、图像处理等众多领域。

2. 三维场景渲染工具 OSG

OSG 是一个开源的三维引擎，已广泛应用于可视化仿真、游戏动画、虚拟现实、三维重建、地理信息、太空探索、虚拟仿真等领域。OSG 图形系统使用工业标准的 OpenGL 作为底层渲染 API，用 C++语言编写，具有性能较高、拓展性与移植性强等优点。OSG 非常适合可视化仿真系统的开发，其具有跨平台性，可以在 Windows、Linux 等操作系统下运行。OSG 作为一款图形渲染机制较为完备的图形渲染引擎，涵盖了许多优秀的功能特性，图形的显示为一系列帧的渲染，渲染过程包含场景更新(update)、拣选(cull)、绘制(draw)，每一次渲染这三个步骤都会被执行。OSG 具有提供静态数据的优化、可见性剔除、绘制优化处理、自动层次细节转换等图形性能优化特性，其支持碰撞检测、自定义几何变换、固定帧速率操作、图形数据库分页等实时图形特性，并支持基于图像的渲染效果、实时的阴影效果、纹理仿真效果、多面着色效果和凹凸着色效果。

3. 深度学习开发平台 TensorFlow

近几年随着深度学习的发展，很多优秀的深度学习框架逐渐流行起来，如

Caffe、TensorFlow、Torch 等。其中，TensorFlow 深度学习框架应用最为广泛，资源库也较为丰富，很多深度学习模型都是基于 TensorFlow 搭建的。TensorFlow 具有以下几个特点：可以与 Numpy 进行结合，且具有图形处理器(graphics processing unit，GPU)支持；可以进行分布式计算；具有移植性，可以在不同的环境进行训练、测试；支持自动微分；支持多种编程语言接口，如 C++语言、R 语言、Python语言等；具有一个大型社区，有助于解决遇到的技术问题。Torch 是一个经典的对多维矩阵数据进行操作的张量(tensor)库，在机器学习和其他数学密集型应用中有广泛应用。

4. 深度学习开发平台 PyTorch

PyTorch 是 Torch 的 Python 版本，是一个开源的深度学习框架，专门针对 GPU进行加速。相比 TensorFlow 的静态计算图，PyTorch 的重要特点是可以构建动态的计算图，且能根据计算的需要实时改变计算图。

PyTorch 具有以下特点。

(1)混合前端：新的混合前端在急切模式下提供易用性和灵活性，同时无缝转换到图形模式，以便在 C++运行环境中实现。

(2)分布式训练：通过利用本地支持集合操作的异步执行，可以从 Python 和C++访问的对等通信，优化了性能。

(3)Python 优先：PyTorch 是为了深入集成到 Python 中而构建的，因此它可以与流行的库及 Cython 和 Numba 等软件包一起使用。

(4)本机 ONNX 支持：以标准 ONNX 格式导出模型，以便直接访问与 ONNX兼容的平台、可视化工具等。

(5)C++前端：是 PyTorch 的纯 C++接口，遵循已建立的 Python 前端的设计和体系结构，旨在实现高性能、低延迟和裸机 C++应用程序的研究。

第3章 深度图像标记样本库构建

本书采用图像语义分割技术从装配体深度图像上分割、识别已装配零部件，从而实现装配体的监测。目前使用深度图像对装配体各零件进行分割、识别的相关研究较少，还没有公开的装配体深度图像标记样本库可供直接使用。为此，本章将构建深度图像标记样本库，包括合成深度图像标记样本库和真实深度图像标记样本库。

3.1 合成深度图像标记样本库构建

目前，常用的深度图像获取方法有两种：图像合成法和人工标记法。人工标记法是按照某种标准，通过使用图像处理或标注软件，人为对深度图像上不同区域进行颜色标记。具体步骤如下：首先使用深度传感器采集物理场景的深度图像；然后对采集的深度图像上各零件的区域进行人工标记，形成颜色标签图像；最后将采集的深度图像及对应的颜色标签图像构成真实深度图像标记样本库。由于人工标记法所使用的深度图像为真实场景的深度图像，图像中融合了外界环境的噪声和其他一些因素的干扰，所以获得的实验数据更接近实际使用场景。但人工标记法存在以下三个缺陷。

(1) 效率较低。在采集深度图像时，需要选取较合适的角度，且需要避免一些外界环境的干扰，影响了深度图像采集的效率；当前缺乏高质量、高效率完成深度图像标记的方法或工具，人工标记效率较低。

(2) 误差大。人工标记受标记人员的主观意识影响较大，特别是在连接区域，严重影响了识别精度。

(3) 成本高。人工标记需要有图像采集人员及标记人员，因此带来了高额的人工成本。

综上所述，本章选择图像合成法合成装配体的深度图像标记样本库，命名为合成深度图像标记样本库。

图像合成法是采用一定的成像模型自动生成图像的技术。传统的图像合成技术多针对彩色图像，本章利用彩色图像和深度图像成像模型，分别合成三维模型在某一视角下的深度图像及对应的颜色标签图像，可以生成合成深度图像标记样本库。

本章选用 OSG 作为三维渲染引擎和开发环境，合成产品在不同装配阶段的深度图像和彩色标签图像。具体过程如图 3.1 所示。

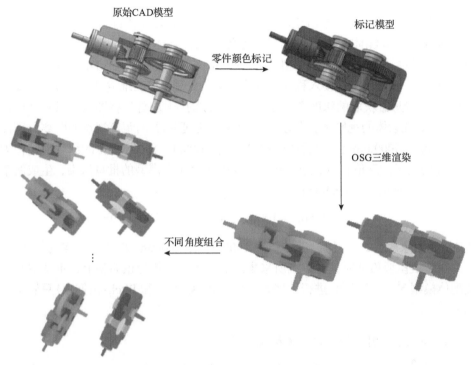

图 3.1　深度图像合成法标记样本库过程

合成及标记深度图像的流程如下。

1. 装配体建模

采用 SolidWorks 软件建立装配体模型。为了保证合成的深度图像与实物拍摄的深度图像一致，需严格按照实物装配体尺寸建模。

2. 零件颜色标记

采用 Mutigen Creator 软件对模型的各零件进行颜色标记。在模型导入时，考虑到 Mutigen Creator 不能识别 SolidWorks 软件默认保存的 SLDPRT 格式文件，因此需要进行格式转换，将 SLDPRT 格式文件转换成 Mutigen Creator 软件能够识别的 OBJ 格式。具体转换过程如下：首先将 SLDPRT 格式文件另存为 STL 格式，然后打开 STL 格式文件并在工具中添加 ScanTo3D 插件，最后选择 ScanTo3D (*.obj) 格式另存，便得到了所需 OBJ 格式的装配模型。在将获取的 OBJ 格式装配模型导入 Mutigen Creator 软件进行颜色标记时，不同的零件对应不同的 RGB 值。部分相同零件，如相同型号的轴承等，采用同一个 RGB 值进行标记。

3. 不同角度批量渲染

使用 OSG 工具的三维渲染功能对不同角度下的装配体进行批量渲染，得到不同角度下的装配体深度图像和颜色标签图像，具体操作如下：①在 Mutigen Creator 中将标记好的装配体模型存为 xxx.flt 文件。②利用 osgDB::readNodeFile ("xxx.fit")将 xxx.flt 文件读入程序中并进行渲染处理。在三维渲染时，考虑到要与 Kinect 2.0 传感器获取的深度图像尽可能相一致的原则，首先将图像背景灰度值设置为 205，视景体的视野垂直角度设置为 60°，远近裁剪面距离视点的距离分别设置为 780.0~4000.0mm；然后通过式(3.1)将 1000.0~1500.0mm 的深度值转化为 0~255 的图像灰度值；最后通过转换不同的角度实现模型的批量渲染，生成两个视频文件 color.avi 和 depth.avi。

$$P_x = 255 - \left[255(d_x - 1000) / 500\right], \quad d_x \in [1000.0, 1500.0] \tag{3.1}$$

式中，d_x 为像素点的深度值，其取值为 1000.0~1500.0mm；P_x 为像素点的灰度值。

在转换模型角度时，考虑到所采集的实物图像多数为正面朝上，本章主要对装配体模型 Yaw(偏航角)进行了修改，而 Roll(滚动角)和 Pitch(俯仰角)只做略微调整。

4. 合成深度图像标记样本库构建

为了获取静态的合成深度图像标记样本库，本章利用视频转换技术，将上述获取的 color.avi 和 depth.avi 的视频文件分别转换为颜色标签图像和合成深度图像，从而获得相互对应的颜色标签图像和合成深度图像，共同构成了所需的合成深度图像标记样本库。

本书所使用的 OSG 三维渲染合成深度图像的方法虽然具有方便、高效等优点，但也存在一些不足之处，主要有以下两点：①旋转角度有限，视角难以与现实生产中拍摄物理装配体的视角完全重合；②渲染得到的深度图像过于理想化，与真实深度图像相差较大。鉴于此，可通过对测试集的修复处理以及对图像特征提取算法的改进，使得合成深度图像基本能够满足实验需求。

3.2 真实深度图像标记样本库构建

3.2.1 Kinect 传感器

Kinect 传感器源自 Kinect for Xbox 360，是美国微软公司在 2010 年推出的一款游戏机的外接设备，其一经问世，就在计算机视觉和人机交互领域获得了广泛关注。图 3.2(a)为本章所使用的 Kinect 2.0 传感器。Kinect 2.0 传感器含有红外发射器、彩色摄像头、红外感应器以及麦克风阵列等，不仅可以获取物体的彩色图像，也能采集物体的深度图像，另外还具有人脸识别和语音识别等功能。图 3.2(b) 为 Kinect 2.0 传感器采集的减速器的深度图像。

(a) Kinect 2.0传感器　　　　　　　　　(b) 实际采集的深度图像

图 3.2　Kinect 传感器及采集的深度图像

3.2.2　真实深度图像的获取及处理

在使用 Kinect 2.0 传感器采集真实深度图像时，控制相机与减速器之间的距离为 1000.0～1500.0mm。为了去除背景并保证减速器深度图像的完整，选择将减速器放在一个黑色的硬板上进行采集。采集场景如图 3.3 所示。

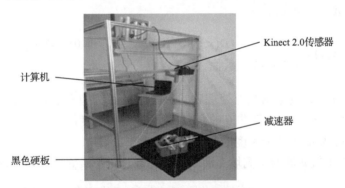

图 3.3　真实深度图像的采集过程

Kinect 2.0 传感器虽然可以实时采集物体的深度图像，但由于自身原因和周围环境的干扰，采集得到的真实深度图像含有一定的干扰因素，其中主要包括黑洞和噪声。黑洞是在实际采集时，部分装配体像素点的深度值无法被深度摄像机检测到所致，噪声是由环境不断变化引起的。另外，在去除背景时，装配体中颜色与背景黑色相近的部分也会被误减去而形成背景空洞，称之为白洞。黑洞、白洞和噪声都会严重影响装配体深度图像的质量，因此需要对原始深度图像进行修复处理。

传统的滤波方法，如小波滤波和高斯滤波等，虽然起到了一定的去噪作用，但会导致深度图像边缘信息严重失真，而双边滤波在一定程度上减轻了这一缺陷，但对图像空洞的修复效果仍然不佳。刘继忠等[126]针对深度图像的修复工作提出了一种将像素滤波与中值滤波相结合的修复方法，不仅满足了平滑噪声的功能，而且对于深度图像中的黑洞也起到了填充作用，但此方法并未考虑白洞的存在。

因此，本章继承了刘继忠等的研究成果，在原有功能的基础上加入去除白洞的功能。原始深度图像中黑洞的灰度值为 0，而白洞的灰度值与背景灰度值相同为 205。空洞填充的具体步骤如下所示。

(1)读入原始深度图像，利用 OpenCV 中的函数 imread() 实现对原始深度图像的读取。

(2)首先，锁定空洞像素点，统计图像内所有像素点的灰度值，对于灰度值为 0 的像素点，直接标记为黑洞点；对于灰度值为 205 的像素点，可选择适当邻域 Ω。然后，计算该像素点邻域 Ω 内是否含灰度值非 205 的像素点，若含有，则将此点标记为白洞点；若不含，则认为此点为背景像素点。最后，将所有的黑洞和白洞像素点相加组成空洞点。

(3)空洞填充，计算每个空洞点邻域 Ω 内深度值非 0 的众数，并将该众数值赋予该空洞点，达到空洞填充的目的。

空洞填充的公式如下：

$$s(x,y) = \begin{cases} M_{\Omega}, & (D(x,y) = 205 \bigcap N_{\Omega}(x,y) > 0) \bigcup D(x,y) = 0 \\ D(x,y), & \text{其他} \end{cases} \tag{3.2}$$

式中，$s(x,y)$ 为经过空洞填充处理后的灰度值；Ω 为像素点 (x,y) 的一个方形邻域；M_{Ω} 为邻域 Ω 中深度值非 0 的众数（频率最高的深度值）；$D(x,y)$ 为原始灰度值；$N_{\Omega}(x,y)$ 为邻域 Ω 中深度值非 205 的像素点数。

(4)利用中值滤波对空洞填充后的深度图像进行平滑修复处理，图 3.4 为修复

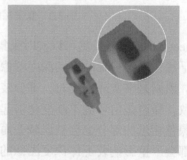

(a) 修复前　　　　　　　　　　　　　　(b) 修复后

图 3.4　深度图像平滑修复处理

前后深度图像对比。从图中可以看出，经过修复的深度图像内黑洞和白洞全部消失，噪声也基本被消除，修复后的前景边缘部分比修复前更加平滑，但并未损失过多边缘信息。

综上，本章构建真实深度图像标记样本库的具体步骤如图 3.5 所示。

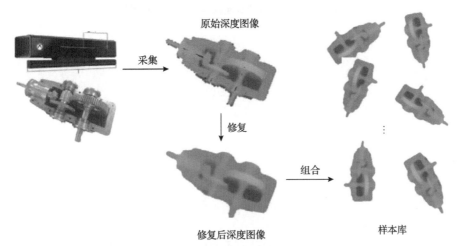

图 3.5　真实深度图像标记样本库的构建过程

首先，搭建一个如图 3.3 所示的深度图像采集平台；然后，采集真实场景的深度图像，并进行深度图像的空洞填充及平滑处理；最后，将减速器旋转不同的角度，重复上述过程，最终构建真实深度图像标记样本库。在旋转减速器时，为了使采集的深度图像中尽可能显示出所有装配体零件，选择绕 Z 轴进行旋转，其他方向只做略微调整。

3.2.3　真实深度图像的标记

在实际应用中，实际采集的真实深度图像只是作为待测深度图像出现并不需要进行颜色标记。但在本章中，真实深度图像还需作为测试集，以便测试训练好的分类器对真实深度图像的像素分类情况。因此，需要对真实深度图像进行人工标记。图 3.6 为部分真实深度图像及对应的颜色标签图像。

(a) 不同视角的真实深度图像

(b) 对应视角的颜色标签图像

图 3.6　不同视角的真实深度图像和标签图像

第4章　基于像素点特征提取算法的装配体监测

针对机械产品的装配体监测，本章提出基于像素点特征提取算法的装配体语义分割方法，提取 PX-LBP 特征和深度差分特征，并采用随机森林分类器，根据像素点特征完成像素分类，实现装配体深度图像的语义分割，进而识别已装配零部件，完成装配体的监测。

4.1　基于 PX-LBP 特征的像素分类

本节基于深度图像的零件识别和装配监测，选用像素分类作为装配体深度图像的识别方法。像素分类的关键在于图像的特征提取，不同的特征提取算法对图像的信息覆盖面完全不同，导致最终的识别效果差异也很大。本节首先分析经典 LBP 算子，在此基础上提出 PX-LBP 特征；然后分析决策树及随机森林分类器的优缺点，并建立随机森林分类器；最后通过实验确定 PX-LBP 算子及随机森林分类器的主要参数，并实现深度图像的像素分类。

4.1.1　PX-LBP 特征提取算法

1. 经典 LBP 算子

经典 LBP 算子[1]的定义如图 4.1 所示。首先，以中心像素点的灰度值为阈值，将其周围 8 个像素点的灰度值分别与中心像素点的灰度值进行比较，若小于中心像素点的灰度值，则该像素位置被标记为 0，否则标记为 1；然后，将阈值化后的二进制数值转化为十进制数，即对应位置分别乘以 2, 4, 8, …, $x(I)$，求和作为该中心像素点的 LBP 特征值。

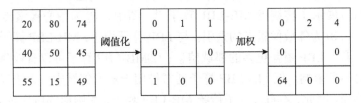

图 4.1　经典 LBP 算子

具体计算如下：

$$\text{LBP}_N = \sum_{i=0}^{N-1} s(p_i - p_c)2^i, \quad s(x) = \begin{cases} 1, & x > 0 \\ 0, & x \leqslant 0 \end{cases} \tag{4.1}$$

式中，p_c 为该邻域中心像素的灰度值；N 为采样点数；p_i $(i = 0, 1, \cdots, N-1)$ 为第 i 个采样像素点的灰度值。

Ojala 等[2]改进了经典 LBP 算子，如图 4.2 所示，用圆形邻域代替方形邻域，使 LBP 算子能够提取不同尺度的纹理特征。首先定义一个半径为 R 的圆形邻域，然后在圆周上均匀取 N 个像素点，由于大量像素点未能准确落在中心点，采用双线插值来获取对应灰度值。

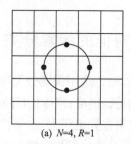 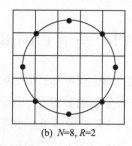

(a) $N=4$, $R=1$　　　　(b) $N=8$, $R=2$

图 4.2　不同 N、R 值对应的 LBP 算子

LBP 特征值的计算公式如下：

$$\text{LBP}_{N,R} = \sum_{i=0}^{N-1} s(p_i - p_c)2^i, \quad s(x) = \begin{cases} 1, & x \geqslant 0 \\ 0, & x < 0 \end{cases} \tag{4.2}$$

式中，R 为圆形邻域的半径；p_c 为邻域中心像素的灰度值；p_i $(i = 0, 1, \cdots, N-1)$ 为第 i 个采样像素点的灰度值；N 为采样点数。

Ojala 等[2]提出的 LBP 特征值还具有旋转不变性，计算公式如下：

$$\text{LBP}_{N,R} = \min(\text{ROR}(\text{LBP}_{N,R}, i), \; i = 0, 1, \cdots, N-1) \tag{4.3}$$

式中，$\text{ROR}(x, i)$ 为旋转函数，表示将 x 循环右移 i $(i < N)$ 位。

图 4.3 (a) 展示了传统的 MB-LBP 算子[3]。图中，P_c 为中心像素点的索引，$P_i (i = 1, 2, \cdots, 8)$ 为邻域像素点的索引。与 LBP 算子相比，MB-LBP 算子具有以下两个优点：①比 LBP 覆盖更多的邻域信息；②MB-LBP 算子可以有效降低噪声对最终结果的不良影响。但 MB-LBP 算子通常被用于矩形邻域中，无法提取不同尺度的纹理特征。因此，本章改进了传统 MB-LBP 算子，用圆形邻域代替方形邻域，在像素点的比较上保持 MB-LBP 算子的比较方式，以方形邻域内所有像素点灰度值的平均值代替中心像素点的灰度值，将像素点之间的比较扩展到多个像素方形邻域的比较。图 4.3 (b) 为改进后的 MB-LBP 算子示意图。

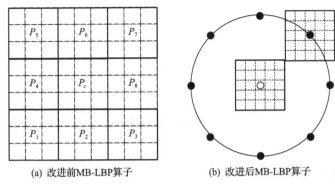

(a) 改进前MB-LBP算子　　　　　(b) 改进后MB-LBP算子

图 4.3　改进前后 MB-LBP 算子对比

Heikkilä 等[5]提出的 CS-LBP 算子计算公式如式 (4.4) 所示，可以看出 CS-LBP 算子弥补了 LBP 算子无法描述各邻域像素点灰度值之间关系的缺陷，却忽略了中心像素点与其邻域像素点灰度值之间的对比关系，同样丢失了部分结构信息。

$$\text{CS-LBP}_{N,R} \sum_{i=0}^{N/2-1} s(p_i - p_{i+N/2})2^i, \quad s(x) = \begin{cases} 1, & x \geqslant T \\ 0, & x < T \end{cases} \quad (4.4)$$

式中，R、N、p_i $(i = 0, 1, \cdots, N/2-1)$ 代表的意义和式 (4.2) 相同；$p_{i+N/2}$ 为第 $i+N/2$ 个像素点的灰度值；T 为阈值。

图 4.4 为 $N=8$、$R=1$ 时所计算的 CS-LBP 值。图中，P_c 为中心像素点的索引，$P_i (i = 0, 1, \cdots, 7)$ 为邻域像素点的索引。

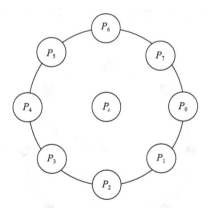

图 4.4　CS-LBP(1,8)算子

胡敏等[6]将 LBP 与 CS-LBP 相结合提出了 CS-LSBP 算子，计算公式如式 (4.5) 所示。该方法通过判定中心像素点灰度值是否在两邻域的灰度范围内来编码，如果在范围内，则标记为 1，否则标记为 0，这在一定程度上既考虑了各邻域像素点灰度值之间的关系，又考虑了中心像素点与其邻域像素点灰度值之间的对比关系。

$$\text{CS-LSBP}_{N,R} \sum_{i=0}^{N/2-1} s(p_i - p_{i+N/2})2^i, \quad s(x,y,z) = \begin{cases} 1, & y \in [x,z] \\ 0, & \text{其他} \end{cases} \quad (4.5)$$

式中，x 为相应采样像素点所对应的灰度值 p_i 和 $p_{i+N/2}$ 之间较小的值；y 为中心像素点所对应的灰度值 p_c；z 为相应采样像素点所对应的灰度值 p_i 和 $p_{i+N/2}$ 之间较大的值。

2. PX-LBP 算子

上述 LBP 算子多采用模板匹配的方式来进行图像识别，识别单元多为整幅或局部图像，存在对图像旋转及缩放情况识别率较差的问题。为了解决此问题，本节以经典 LBP 算子为基础并结合像素分类思想，提出 PX-LBP 算子，主要从以下几个方面改进经典 LBP 算子。

(1) 与经典 LBP 算子相比，PX-LBP 算子将同一邻域所产生 LBP 特征值的数量由原来的 1 个，通过等角度偏移增加到了 K 个，偏移角度 $\alpha = 2\pi/(N \times K)$，其中 N 为采样点数。如图 4.5 所示，当邻域采样点数 $N=8$、偏移次数 $K=2$ 时，偏移角度 $\alpha = \pi/8$，$\text{PX-LBP}^{K=k}$ 的计算公式如下：

$$\text{PX-LBP}^{K=k}(P_c) = \{\text{LBP}_1(P_c), \text{LBP}_2(P_c), \cdots, \text{LBP}_k(P_c)\} \quad (4.6)$$

式中，K 为同一邻域内偏移所产生的 LBP 特征值的数量；P_c 为中心点的索引；$\text{LBP}_1(P_c)$，$\text{LBP}_2(P_c)$，$\cdots$，$\text{LBP}_k(P_c)$ 分别为同一邻域中不同偏移角度下的 LBP 特征值。

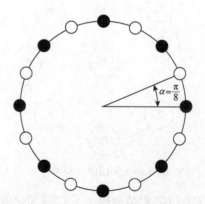

图 4.5　当 $N=8$、$K=2$ 时的邻域取点情况

改进后 LBP 算子的起始像素点每多偏移一次，就会多产生一个 LBP 特征值，邻域所选点也会变得更加密集，在一定范围内，所产生的特征值对该邻域信息覆

盖的全面性也会更高。

(2) 与经典 LBP 算子相比，PX-LBP 算子将同一中心像素点的圆形邻域数由原来的 1 个增加到了 m 个，如图 4.6 所示，每个中心像素点产生了 m 个同心圆邻域，各同心圆邻域之间的半径为 $R_1 = q, R_2 = q^2, \cdots, R_m = q^m$。

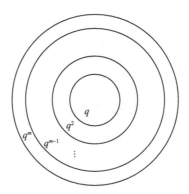

图 4.6　同一中心像素点的 m 邻域

另外，考虑到邻域像素点对中心像素点的信息贡献量会随着两者距离的增大逐渐减小，因此本节对 $\text{PX-LBP}^{K-k,M-m}$ 进行加权，权值为 $w = 1/R_j$ $(j = 1, 2, \cdots, m)$。$\text{PX-LBP}^{K-k,M-m}$ 的计算公式如下：

$$\text{PX-LBP}^{K-k,M-m}(P_c) = \left\{ \frac{1}{p}\text{PX-LBP}_1^{K=k}(P_c), \frac{1}{p^2}\text{PX-LBP}_2^{K=k}(P_c), \cdots, \frac{1}{p^m}\text{PX-LBP}_m^{K=k}(P_c) \right\}$$

$$(4.7)$$

式中，$\text{PX-LBP}_1^{K=k}(P_c)$，$\text{PX-LBP}_2^{K=k}(P_c)$，$\cdots$，$\text{PX-LBP}_m^{K=k}(P_c)$ 为同一中心像素点下不同邻域所产生的各组 LBP 特征值向量；M 为同一中心像素点的圆形邻域数。

改进后的 LBP 算子每增加一个邻域，所产生的 LBP 特征值向量就多一组，覆盖的范围也会增大，在一定范围内，所产生的特征值对该邻域信息覆盖的全面性也会提高。

(3) 与 $\text{CS-LSBP}_{N,R}$ 算子相比，PX-LBP 算子除继承 $\text{CS-LSBP}_{N,R}$ 算子外又加入了 $\text{LBP}_{N,R}^+$ 和 $\text{LBP}_{N,R}^-$：

$$\text{PX-LBP} = \left\{ \text{LBP}_{N,R}^+, \text{LBP}_{N,R}^-, \text{CS-LSBP}_{N,R} \right\} \qquad (4.8)$$

式中，

$$\text{LBP}_{N,R}^+ = \sum_{i=0}^{N-1} s(p_i - p_c - T)2^i, \quad s(x) = \begin{cases} 1, & x > 0 \\ 0, & x \leqslant 0 \end{cases} \qquad (4.9)$$

$$LBP^-_{N,R}=\sum_{i=0}^{N-1}s(p_i-p_c-T)2^i,\quad s(x)=\begin{cases}1,&x<0\\0,&x\geqslant0\end{cases}\tag{4.10}$$

为了增加算法的鲁棒性，对 PX-LBP 进行了归一化处理：

$$\frac{\text{PX-LBP}}{\|\text{PX-LBP}\|}\to\text{PX-LBP}\tag{4.11}$$

式(4.11)与式(4.6)存在以下关系：

$$\text{PX-LBP}=\text{LBP}_k\tag{4.12}$$

改进后的 LBP 算子解决了 CS-LSBP$_{N,R}$ 算子无法区分邻域像素点与中心像素点是相等还是大于的问题：当 LBP$^+_{N,R}=0$、LBP$^-_{N,R}=0$ 时，邻域像素点与中心像素点相同；当 LBP$^+_{N,R}=1$、LBP$^-_{N,R}=0$ 时，邻域像素点大于中心像素点；当 LBP$^+_{N,R}=0$、LBP$^-_{N,R}=1$ 时，邻域像素点小于中心像素点。

将式(4.6)～式(4.8)、式(4.11)、式(4.12)组合可得到一个 $3\times k\times m$ 维的特征值向量，即为 PX-LBP$^{K-k,M-m}$ 算子的特征值向量。与经典 LBP 算子相比，PX-LBP 算子所得特征值向量的维数更高，对中心像素点的邻域特征覆盖更全面，得到的像素分类准确率也更高。

4.1.2　随机森林分类器

考虑到深度图像特征提取后所生成的训练集维度较高，本章选择随机森林分类器作为像素分类的分类器，并使用 OpenCV 机器学习库(machine learning library，MLL)中的随机森林分类器相关算法进行随机森林分类器的构建。

由于是直接借用 OpenCV 机器学习库中随机森林分类器的相关函数进行训练，训练过程中主要涉及的参数有训练图像的数量、决策树的数量和最大深度等。

(1)训练图像的数量：一定量的训练图像是分类器实现识别能力的前提。理论上，训练图像的数量越多，分类准确率就越高，识别能力也越强，但由于设备和时间的限制以及随机森林分类器自身的特点，在实际应用中仍需要使用者通过实验来确定最佳训练图像的数量。

(2)决策树的数量：随机森林分类器的分类结果由所有决策树单独分类结果共同投票决定。对于一个随机森林分类器，如果决策树较少，则会出现过拟合现象；如果太多，则会增加训练的时间成本，降低分类识别效率。因此，要建立高质量的随机森林分类器，确定最佳的决策树数量是必要的。

(3)决策树的最大深度：由于随机森林分类器的分类准确率由随机森林分类器中各决策树的分类准确率共同决定，所以要获得最佳的分类准确率，必须先确定最佳深度，使每棵树都具有最佳的分类性能。

在后面实验部分，将对随机森林分类器三个参数的确定进行详细叙述。另外，除了以上参数，随机森林分类器还有其他一些参数需要确定，如样本数量阈值、每棵树选取特征子集的最佳大小等，本节不再详述。

4.1.3　实验及结果分析

实验环境配置如下：Intel Xeon(R) CPU E5-2630 V4 @ 2.20GHz ×20，64GB内存，Ubuntu 16.04 系统；深度图像获取传感器为 Kinect 2.0；GCC 编译器。

对于实验装配体，本节采用双级圆柱圆锥减速器进行像素分类。首先使用SolidWorks 软件进行建模，然后在 Mutigen Creator 软件中进行零件的颜色标记，各零件所标记的对应 RGB 值如表 4.1 所示。

表 4.1　减速器各零件标记情况

减速器零件标记图	标号	减速器零件	RGB 值
	P_0	齿轮轴	255, 159, 15
	P_1	大齿轮	0, 0, 243
	P_2	底座	255, 0, 0
	P_3	斜齿轮(大)	243, 243, 0
	P_4	斜齿轮(小)	113, 113, 243
	P_5	轴 1	42, 107, 0
	P_6	轴 2	243, 0, 194
	P_7	轴承(大)	243, 113, 165
	P_8	轴承端盖 1	127, 255, 42
	P_9	轴承端盖 2	96, 223, 255
	P_{10}	轴承端盖 3	194, 243, 0
	P_{11}	轴承端盖 4	255, 128, 96
	P_{12}	轴承(小)	109, 109, 247
	P_{13}	轴承(中)	193, 251, 105
	P_{14}	轴套	188, 75, 0

1. PX-LBP 算子参数确定

由于本算法所涉及的参数较多,本节仅对算法中部分关键参数的确定过程进行详细叙述。

在实验中,训练集含有 290 张模型的合成深度图像,测试集由 10 张模型的合成深度图像和 10 张实物的真实深度图像组成。对于像素点的采集方法,训练集中采用横纵坐标均匀的像素点采集方式,每张深度图像中选取像素点的个数大约为该图像中总像素点个数的四分之一;测试集则采用随机选点的方式,每个深度图像中随机选取 2000 个像素点进行特征提取。

除以上已介绍的参数外,其他实验参数定义如下:邻域 Ω 的边长为 2,邻域采样点数 N 为 16。在随机森林分类器中,树的最大深度为 23,最小样本数为 5,树的最大数量为 50,准确率提升系数为 0.006,以树的数量或准确率提升为终止条件,实验数据分别见图 4.7~图 4.9。

由图 4.7 可得,随着起始像素点数的增大,像素分类准确率先增大,在起始像素点数为 2 后开始增长缓慢。分析原因可知,当起始像素点数为 1 时,圆形邻域上仅取 16 个点,此时点与点之间间隙较大导致部分圆形邻域的信息部分丢失;当 K 值增大时,点与点之间的间隙就会逐渐缩小,从而使特征值对邻域信息的表述越来越全面,但当点与点之间的间隙接近零时,起始像素点数的增大对邻域信息描述的全面性的影响就会变得越来越小。尽管图中起始像素点数为 2 后的准确率还在缓慢提高,但考虑到识别效率问题,本节确定同一邻域内起始像素点数为 2。

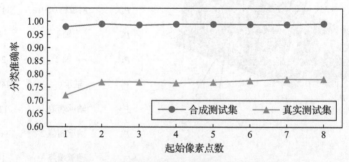

图 4.7　起始像素点数与分类准确率的关系

从图 4.8 中可以看出,随着单个中心像素点圆形邻域数的增大,像素分类准确率先快速提高,大约在 22 处趋于稳定。分析原因可知,当邻域数很小时,对像素点信息的表述明显不够全面,因此实验中只测试了圆形邻域数为 5 和 10 两种小于 15 的情形。随着邻域数的增大,分类准确率也逐渐增大;而在邻域数达到一定数量后,各邻域半径之间呈比例关系,导致最外圈的圆形邻域距离中心像素点越来越远，包含中心像素点的信息也越来越少，最后趋于稳定。因此，本节确定圆形邻域数为 22。

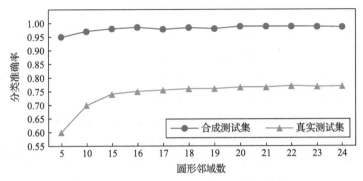

图 4.8　圆形邻域数与分类准确率的关系

从图 4.9 中可以看出，随着圆形邻域半径公比的增大，像素分类准确率先提高，大约在半径公比为 4 处趋于稳定。分析原因可知，当半径公比较小时，各邻域之间的密度较大，由于邻域数量有限，覆盖的中心像素点周围的信息就较少，开始时分类准确率较低；当半径公比增大时，圆形邻域覆盖的面积也逐渐增大，分类准确率会不断提高，但当半径公比为 4 后，半径变得过大，导致最外圈邻域距离中心像素点越来越远，包含中心像素点的信息也越来越少，因此分类准确率停止增长开始浮动。因此，本节确定圆形邻域半径公比为 4。

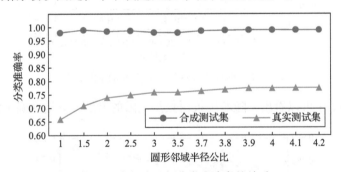

图 4.9　半径公比与分类准确率的关系

综上所述，起始像素点数确定为 2，单个中心像素点圆形邻域数确定为 22，圆形邻域半径公比确定为 4。

2. 分类器参数确定

为了确定提取 PX-LBP 特征值所对应分类器的各主要参数，本节设计了若干组实验，实验中所需的数据集和像素点的采集方式均与上述实验相同。由于参数较多，本实验主要对训练图像数量、决策树数量上限、决策树最大深度三个参数进行确定分析，具体实验数据见图 4.10～图 4.12：其中左纵轴为合成测试集所对应的分类准确率，右纵轴为真实测试集所对应的分类准确率。

从图 4.10 中可以看出，随着训练图像数量的增加，开始时合成测试集和真实测试集对应的分类准确率都呈提高趋势，大约在 90 张后，合成测试集的分类准确率仍在提高，而真实测试集的分类准确率开始浮动。需要注意的是，本书有些图中横坐标未标出部分数值，是因为实验未开展相应测试。从图中还可以看出，真实测试集对应像素的分类准确率大约在 110 张（77.53%）、230 张（77.71%）、270 张（77.625%）和 290 张（77.51%）都能取得较高的准确率。经分析，这种现象可能是真实测试集内真实深度图像的视点方向较单一所致，本节确定训练图像的张数主要以相对较为稳定的合成测试集的曲线为准，又考虑到 PX-LBP 算子每增加 1 张图像所产生的训练集数据量增加不大，对应的训练时间增加也不大，本节放弃 90 张而选择了识别准确率更高的 290 张。

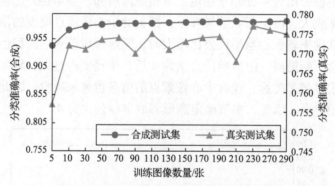

图 4.10　训练图像数量与分类准确率的关系

从图 4.11 中可以看出，随着决策树数量上限的增加，分类准确率刚开始提高

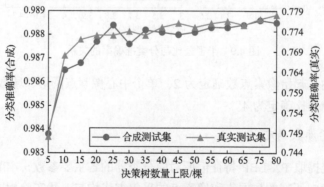

图 4.11　决策树数量上限与分类准确率的关系

较快，到 15 棵决策树数量后提高幅度逐渐减小，大约在 75 棵后，提高不再明显。虽然 75 棵并非最高点，但由于决策树的数量对训练效率影响较明显，考虑到时间成本，确定决策树的数量上限为 75 棵。

从图 4.12 中可以看出，随着决策树最大深度的增加，分类准确率先快速提高，大约在决策树最大深度为 24 层提高不再明显。综合分析，确定决策树最大深度为24 层。

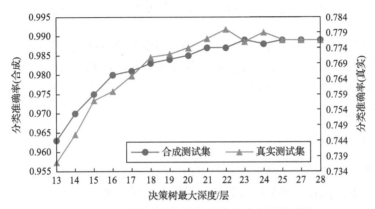

图 4.12　决策树最大深度与分类准确率的关系图

综上所述，当提取 PX-LBP 特征值时所对应分类器各主要参数确定如下：训练图像数量为 290 张，决策树数量上限为 75 棵，决策树最大深度为 24 层。

3. 像素分类准确率及识别效率

由于本节方法是针对装配监测所提，不仅有一定的准确率要求，也需要有一定的实时性要求。考虑到所需时间主要集中于特征提取及像素分类两部分，设计实验分别对像素分类准确率、特征提取时间和像素分类时间等参数进行测试，测试结果如表 4.2 所示。实验中，训练集、测试集的数量和组成方式及像素点的采集方式均与第 3 章相同。

表 4.2　单张图像的识别率及所用时间

类别	像素分类准确率/%	特征提取时间/ms	像素分类时间/ms	总时间/ms
合成测试集	98.81	18796	277	19073
真实测试集	77.51	22301	298	22599

从表 4.2 中可以看出，基于 PX-LBP 特征的像素分类方法对合成测试集的像素分类准确率较高，可达到 98.81%，可以满足工程需求；但对于真实测试集，由

于采集环境及相机自身的缺陷干扰，准确率只能达到77.51%。在采集时间上，每张合成深度图像大约含有8038个像素点，从采集到完成识别大约需要19s；每张真实装配体深度图像大约含有9148个像素点，从采集到完成识别大约需要23s。单纯从单张图像识别时间上看，本节方法实时性不高，但在实际应用中，对于一些简单的装配体深度图像，可适当减少像素点的采集量，缩短特征提取时间。

4.2　基于深度差分特征的像素分类

本节主要包括以下四部分内容：①经典深度差分特征提取算法；②引入边缘因子，改进深度差分特征；③确定改进深度差分特征的相关参数；④将深度差分特征与PX-LBP特征分别从特征采集效率、图像识别效率及像素分类准确率等方面进行对比。

4.2.1　深度差分特征

深度差分特征结合了梯度特征与点特征的优点，是在像素分类方法中广泛应用。其最大的优点在于特征提取算法编程简单、易于理解、计算成本小。

1. 经典深度差分特征

经典深度差分特征算法是由 Shotton 等[7]提出的。如图 4.13 所示，取深度图像上的某一像素点，以该像素点为起点，沿某一方向偏移一定的距离获得另一像素点。以此类推，沿不同的方向偏移不同的距离会获得不同像素点，将这些像素点的深度值两两相减，每一个差值都是该中心像素点的一个深度差分特征值，计算公式如下：

图 4.13　深度差分特征示意图

$$f_\theta(I, x) = d_I(x + u) - d_I(x + v) \tag{4.13}$$

式中，I 为深度图像；x 为深度图像的像素点；$f_\theta(I, x)$ 为像素点 x 的特征值；参数 $\theta = (u, v)$ 用来说明偏移向量 u 和 v；$d_I(x)$ 为深度图像 I 在像素点 x 处的深度值。

考虑到式(4.13)仅在物体与相机距离不变时适用，而实际应用中，无论是物体还是相机都会发生移动，想要控制两者的相对距离不变是相当困难的。如图 4.14 所示，当物体与相机距离较近时，物体深度图像尺寸较大，所选偏移向量的大小与此时的物体大小保持匹配；当距离较远时，物体深度图像尺寸变小，但偏移向量的大小不变，就会出现偏移向量相对于此时深度图像偏大的情况，甚至出现大量偏移像素点落在背景处成为无效点的情况。

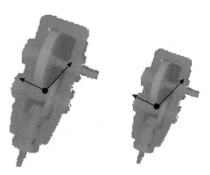

图 4.14　深度变化对图像偏移向量的影响

为了使深度差分特征适用于物体与相机相对距离变化的情况，深度因子 $1/d_I(x)$ 被引入用于对偏移量的归一化处理，保证特征值的大小不会受相机到物体距离的影响。即对于物体的某个定点，无论它离相机近还是远，深度差分特征算法都会给出一个固定的世界空间偏移量，计算公式如下：

$$f_\theta(I,x) = d_I\left(x + \frac{u}{d_I(x)}\right) - d_I\left(x + \frac{v}{d_I(x)}\right) \tag{4.14}$$

张乐锋等[12]在 Shotton 等[7]研究的基础上考虑人体部位尺寸大小不一的特性，引入人体部位尺寸比例因子 p，提出了改进型深度差分特征，一定程度上提高了人体部位识别准确率，比例因子计算公式如下：

$$p = \frac{s_i}{\max(S)}, \quad i = 1, 2, \cdots, n \tag{4.15}$$

式中，s_i 为第 i 个人体部位尺寸长度；$\max(S)$ 为所有部位尺寸长度中的最大值。

该方法将人体各部位分成不同块，通过考虑每一块的尺寸大小来适当调整偏移量的大小。该方法在一定程度上提高了准确率，但仍存在一定缺陷，主要包括以下两点。

（1）改进型深度差分特征是假设人体部位为标准正方形，此假设对于人体基本符合，对于装配体的各零件将无法进行，主要原因在于装配体各零件形状远比人体部位复杂，且存在各种复杂的配合关系。

（2）改进型深度差分特征虽然相比原来的深度差分方法，在偏移量的变化上有所改进，但仍然存在边缘像素点偏差量可能过大而导致出现大量无效特征值的情形，一定程度上影响了对边缘像素点的识别。

2. 改进深度差分特征

在经典深度差分特征[7]的基础上，结合改进型深度差分特征[12]，本节引入了边缘因子，提出对深度差分特征的进一步改进方案。改进后的深度差分特征增加了去噪能力及边缘像素点偏移向量的自适应能力，计算公式如下：

$$f_\theta(I,x) = d_I\left(x + \frac{bu}{d_I(x)}\right) - d_I\left(x + \frac{bv}{d_I(x)}\right) \tag{4.16}$$

式中，b 为边缘因子。

为了便于计算，本节定义了边缘因子，如图 4.15(a) 所示。首先在深度图像 I 上任意选取一像素点 x，以该像素点 x 为中心、$a/d_I(x)$ 为边长绘制正方形并命名为边缘方框，其中 a 为边缘方框的边长系数，$1/d_I(x)$ 为深度因子，用于对边长进行归一化处理，保证边长能够随相机到物体距离的变化而做相应的变化；然后统计落在正方形内前景和背景的总像素点数 N 和仅落在正方形内前景部分的像素点数 n；最后计算 n/N 的值用于定义边缘因子 b，具体公式如下：

$$b = \begin{cases} 1, & \dfrac{n}{N} \geqslant b_{max} \\ \dfrac{n}{N}, & b_{min} \leqslant \dfrac{n}{N} < b_{max} \end{cases} \tag{4.17}$$

式中，b_{min} 为边缘因子下限，取值为[0,1]；b_{max} 为边缘因子上限，取值为$[b_{min},1]$。当 $b_{min} = b_{max} = 0$ 时，为经典深度差分特征。

图 4.15(b) 为边缘因子在实际应用时可能出现的几种情况。其中，框 1 代表边缘方框完全处在前景内部，则 $b=1$；框 2、框 3 代表边缘方框处在前景与背景交界处，则 b 的取值需要根据式(4.17)进行计算；框 4、框 5 代表边缘方框处在背景噪声处，则 $b=n/N$，一般较小，可通过 $n/N < b_{min}$ 进行图像去噪处理。本节通

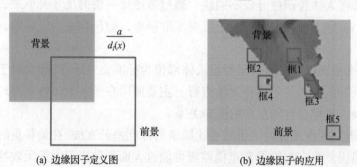

(a) 边缘因子定义图   (b) 边缘因子的应用

图 4.15　边缘因子示意图

过实验确定边缘因子相关参数如下：$a=12$，$b_{\min}=1/4$，$b_{\max}=1/2$。

综上所述，相比经典深度差分特征，本节所提出的对深度差分特征的改进之处主要体现在以下两点：①提高了偏移向量的自适应能力。如图 4.16 所示，当所取像素点处在深度图像内部时，偏移向量不做变化；当所取像素点靠近深度图像边缘处时，为了防止偏移点落在背景处，对应偏移向量会自动缩小。②增强了抗噪能力。

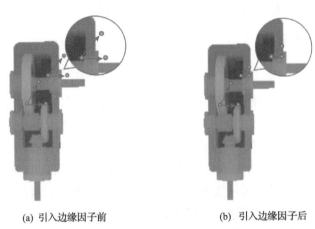

(a) 引入边缘因子前　　　　　　　　(b) 引入边缘因子后

图 4.16　边缘因子引入前后的比对

3. 偏移向量 u、v 确定

针对每个像素选取 63 个偏移向量，加上像素点本身共产生 64 个深度值，可组合成 2016 对偏移向量。图 4.17 为偏移向量选取示意图。首先以任意选定的像素点 x 为圆心建立四个同心圆，分别命名为偏移圆 1、偏移圆 2、偏移圆 3、偏移圆 4，其半径关系为 $r_1:r_2:r_3:r_4=1:2:3:4$；然后分别在四个偏移圆上等角度选

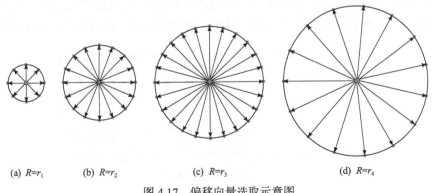

(a) $R=r_1$　　　　(b) $R=r_2$　　　　(c) $R=r_3$　　　　(d) $R=r_4$

图 4.17　偏移向量选取示意图

取若干点；最后以圆心为始、以圆上的点为终，构成偏移向量 u、v。偏移圆 1 半径 r_1 的确定将在后文通过实验进行。下面是在 4 个偏移圆上的取点情况。

(1) 偏移圆 1：$A_1 = \{\alpha \,|\, \alpha = t\pi/4\}$，$t = 1, 2, \cdots, 8$。

(2) 偏移圆 2：$A_2 = \{\alpha \,|\, \alpha = t\pi/8\}$，$t = 1, 2, \cdots, 16$。

(3) 偏移圆 3：$A_3 = \{\alpha \,|\, \alpha = t\pi/12\}$，$t = 1, 2, \cdots, 24$。

(4) 偏移圆 4：$A_4 = \{\alpha \,|\, \alpha = 2t\pi/15\}$，$t = 1, 2, \cdots, 15$。

4.2.2　实验及结果分析

1. 参数确定

为确定偏移圆半径及差分特征下随机森林分类器的各主要参数，设计了若干组实验。实验中训练集共 120 张深度图像，均来自合成样本集共 120 张，每张深度图像随机选取 2000 个像素点进行特征提取；测试集分为两类：合成测试集是从合成样本集中随机选取 10 张深度图像，每张深度图像随机选取 3000 个像素点进行特征提取；真实测试集是从实物样本集中随机选取 10 张，选点方式和合成测试集相同。实验数据分别见图 4.18～图 4.21。

从图 4.18 中可以看出，偏移圆 1 的半径对合成测试集的分类准确率影响不大，而对真实测试集的分类准确率影响较明显，随着偏移圆 1 的半径增大，真实测试集的分类准确率先快速提高后缓慢降低，大约在 12 像素处时取得最高点。分析原因可知，合成测试集属于理想状态，原本分类准确率就较高，因此偏移圆半径的变化对其影响不大。而真实测试集之所以出现图 4.18 所示的现象，是由于当半径较小时，差分特征的偏移距离较小，偏移点对中心像素点邻域的覆盖面也较小，导致准确率偏低；当半径逐渐增大时，覆盖面积也在不断增大，分类准确率不断升高。当达到 12 像素时，由于偏移距离过大，部分偏移点包含中心像素点的信息越来越少，出现了缓慢下降的情况。因此，确定偏移圆 1 的最佳半径为 12 像素。

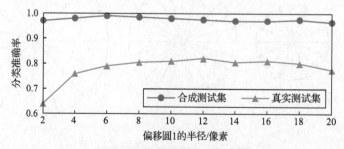

图 4.18　偏移圆 1 的半径与分类准确率的关系

又由于四个偏移圆半径之间存在 1:2:3:4 的关系，可推测其他三个偏移圆的最佳半径分别为 24 像素、36 像素、48 像素。

从图 4.19 中可以看出，随着训练图像数量的增加，分类准确率快速提高，到 120 张后开始上下浮动，尽管这种饱和很可能是由于决策树的棵数及最大深度有限而导致的相对饱和，但考虑到时间成本及硬件限制，仍确定训练图像数量为 120 张。

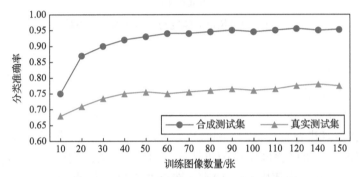

图 4.19   训练图像数量与分类准确率的关系

从图 4.20 中可以看出，随着决策树数量上限的增加，真实测试集分类准确率先快速提高，大约在 35 棵后趋于稳定。因此，确定决策树的最佳数量为 35 棵。

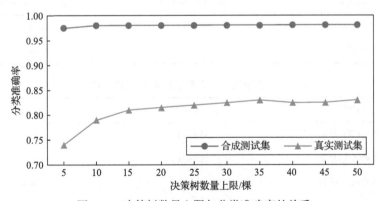

图 4.20   决策树数量上限与分类准确率的关系

从图 4.21 中可以看出，随着决策树最大深度的增加，分类准确率提高，到 25 层时不再变化。因此，确定决策树最大深度为 25 层。

最终各主要参数的确定值如下：偏移圆 1 的半径最佳取值为 12 像素，训练图像数量为 120 张，决策树数量上限为 35 棵，决策树最大深度为 25 层。

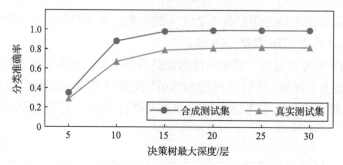

图 4.21　决策树最大深度与分类准确率的关系

2. 边缘因子

为了探究边缘因子对本节所提方法的影响，设计了以下两组对比实验，实验中训练集共 120 张深度图像，均选自合成样本集共 120 张，每张深度图像随机选取 2000 个像素点进行特征提取；测试集分为两类：合成测试集是从合成样本集中随机选取 10 张，每张深度图像随机选取 3000 个像素点进行特征提取；真实测试集是从实物样本集中随机选取 10 张，选点方式和合成测试集相同。实验数据如表 4.3、表 4.4 所示。

表 4.3　边缘因子引入前后像素分类准确率对比

测试集	引入前准确率/%	引入后准确率/%
合成测试集	98.61	98.5833
真实测试集	80.9967	82.4633

表 4.4　边缘因子引入前后像素分类时间对比

测试集	引入前用时/ms	引入后用时/ms
合成测试集 (采集)	3565.36	3934
合成测试集 (分类)	100.481	113.464
真实测试集 (采集)	4252.65	4466.4
真实测试集 (分类)	106.696	113.869

由表 4.3 可知，边缘因子的引入对合成测试集的像素分类准确率提高并不明显，原因是合成测试集属于理想状态，并无噪声干扰，在引入前识别率就较高；但真实测试集的像素分类准确率则有明显提高，大约提高了 1.5 个百分点。

从表 4.4 中可以看出，在单张图像采集点数为 3000 个像素点的情况下，边缘因子的引入虽然使像素分类时间略有加长，但基本可以满足实际生产的需要。

图 4.22 为边缘因子引入前后分类器对真实深度图像的像素预测图像。通过图像对比可以看出，改进后的深度差分特征比经典深度差分特征具有更强的抗噪能力。

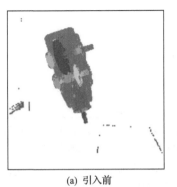 

(a) 引入前　　　　　　　　　　　　　(b) 引入后

图 4.22　边缘因子引入前后分类器对真实深度图像的像素预测图像

4.2.3　PX-LBP 特征与深度差分特征对比

前面对深度图像分别提取了 PX-LBP 特征和深度差分特征，并实现了像素分类。下面将通过实验分别从特征采集效率、图像识别效率及像素分类准确率等方面对 PX-LBP 特征和深度差分特征进行对比。

1. 不同训练图像数量下像素分类准确率对比

由于训练集中采用的是人工合成的深度图像，一般不存在训练图像不足的情况。但考虑到在未来的实际生产中，并非所有的装配体深度图像都适合于人工合成，针对一些装配体，已经出现相应的合成深度图像标记样本库，例如目前已存在的人体姿态合成深度图像标记样本库，使用者只需直接购买相应的数据库图像即可使用；有些研究人员则选择人工标记法进行训练图像的获取，毕竟合成深度图也是存在一定缺陷的。鉴于以上两种情况，考虑到金钱成本及标记时间成本，可能会出现训练图像不足的现象。因此，对于一种特征提取算法，在训练图像不足的情况下是否还具有较高的分类准确率也是衡量性能好坏的重要指标之一。

为了分别探究采用 PX-LBP 特征和深度差分特征进行特征提取时，不同训练图像数量所对应的分类准确率的情况，本节设计了若干组实验。实验中，训练集均为合成深度图像，测试集分为两类：10 张模型的合成深度图像组成的合成测试集和 10 张实物的真实深度图像组成的真实测试集。像素点采集方式如下：训练集采用横纵坐标均匀采集像素点的方式，每张深度图像中选取像素点的个数大约为该图像中总像素点个数的四分之一。测试集则采用随机选点的方式，每个深度图像中随机选取 2000 个像素点进行特征提取。值得注意的是，深度差分特征和 PX-LBP 特征在训练集及测试集的建立上除提取特征不同外其他条件完全相同。实验数据见图 4.23。

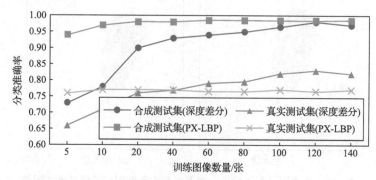

图 4.23　训练图像数量与分类准确率的关系

从图 4.23 中可以看出：

(1)随着训练图像数量的变化，无论对于合成测试集还是真实测试集，深度差分特征对应曲线的变化幅度都比 PX-LBP 特征对应曲线大，即深度差分特征对训练图像数量的敏感度比 PX-LBP 特征更高。

(2)对于合成测试集，在训练图像数量少于 120 张时，PX-LBP 特征对应曲线一直高于深度差分特征对应曲线，但在训练图像数量大于 120 张之后，两条线基本重合。对于真实测试集，在训练图像数量小于 40 张时，PX-LBP 特征对应曲线一直高于深度差分特征对应曲线，但在训练图像数量大于 40 张之后，深度差分特征曲线逐渐高于 PX-LBP 特征曲线。分析原因可知，当训练图像数量不足且在一定范围内时，PX-LBP 特征的像素分类准确率比深度差分特征更高，而当训练图像数量充足时，深度差分特征的性能更优于 PX-LBP 特征，尤其是对于真实测试集的情况。

(3)对于合成测试集，PX-LBP 特征曲线高于深度差分特征曲线，而对于真实测试集，深度差分特征曲线多数情况下高于 PX-LBP 特征曲线。由此可判断，差分特征的抗干扰能力强于 PX-LBP 特征。对于接近理想状态的装配体深度图像，适合选择 PX-LBP 特征进行特征提取，而对于含噪声、空洞等干扰因素较多的深度图像，更适合选择深度差分特征进行特征提取。

综上所述，仅从像素分类准确率上来看，相比于深度差分特征，PX-LBP 特征更适合于训练图像不足的情况，且深度图像越接近于合成图像，优势越明显。

2. 训练阶段指标对比

在进行分类器训练时，如果所产生的训练集数据量较大，则会增加训练时间，也会对硬件的配置提出更高的要求，增加识别成本。为了探究 PX-LBP 特征和深度差分特征在训练集采集时间、训练集内存以及分类器训练时间三个指标间的影响关系，本节设计了若干组实验。实验中，训练集全部为合成深度图像，共 120 张，像素点采集方式为随机选点的方式，每张深度图像中随机选取 3000 个像素点进行特征提取。值得注意的是，深度差分特征和 PX-LBP 特征所选图像数量及每张图像的取点个数完全相同，实验数据见表 4.5。

表 4.5　不同特征时训练指标对比

类别	训练集采集时间/ms	训练集内存/MB	分类器训练时间/ms
深度差分特征	276666	3174.4	4.7×10^6
PX-LBP 特征	537006	213.6	3.8×10^5

从表 4.5 中可以看出，在训练集采集时间上，深度差分特征小于 PX-LBP 特征，大约是 PX-LBP 特征所用时间的一半，但在训练集内存上，深度差分特征远大于 PX-LBP 特征，大约是 PX-LBP 特征所占内存的 15 倍，造成这种现象的原因主要是 PX-LBP 特征的算法复杂度远高于深度差分特征。另外，由于深度差分特征所产生的训练集数据量较大，对应的训练时间也远大于 PX-LBP 特征，大约是 PX-LBP 特征所用时间的 12.4 倍。

综上所述，仅从训练指标来看，相比于深度差分特征，PX-LBP 特征更适合于计算机配置不高的情况。

3. 不同提取特征下像素分类准确率对比

像素分类准确率是算法正常工作的基础，也是衡量算法好坏的最重要指标。为探究两种提取特征下的像素分类准确率，本节设计了若干组实验。实验中，深度差分特征的训练集与测试集及各参数和 4.2.2 节中实验部分所确定的最佳情况完全相同；PX-LBP 特征的训练集与测试集及参数和 4.1.3 节中实验部分所确定的最佳情况完全相同。实验数据如表 4.6 所示。

表 4.6　不同特征下像素分类准确率对比　　　　（单位：%）

类别	合成测试集	真实测试集
深度差分特征	98.58	82.46
PX-LBP 特征	98.81	77.51

从表 4.6 中可以看出，当测试集为合成测试集时，深度差分特征和 PX-LBP 特征的像素分类准确率相差不大；但当测试集为真实测试集时，深度差分特征的分类准确率明显高于 PX-LBP 特征。由此可判断，当测试深度图像为真实深度图像时，想要获得更高的分类准确率可以考虑选择深度差分特征。

4. 像素分类效率对比

由于本节算法具有一定的实时性要求，效率也是衡量算法的重要指标之一。决定像素分类效率的参数主要有特征提取时间和像素分类时间，下面将通过实验分别对不同提取特征情况下的特征提取时间及像素分类时间进行测量。实验中，训练集和测试集的来源和像素分类准确率对比实验相同，不同之处在于对测试集的选点方式。合成测试集和真实测试集都采用逐像素点全部提取方式，合成测试集每张深度图像的像素点平均为 8037 个，真实测试集每张深度图像的像素点平均为 9148 个，实验结果如表 4.7 所示。

表 4.7　识别单张图像所用时间　　　　　　　　　　（单位：ms）

类别	特征提取时间	像素分类时间	总时间
合成测试集(PX-LBP)	18796	277	19073
合成测试集(深度差分)	10540.4	302.57	10842.97
真实测试集(PX-LBP)	22301	298	22599
真实测试集(深度差分)	11966.7	341.6	12308.3

从表 4.7 中可以看出，在像素分类时间上，无论是合成测试集还是真实测试集，深度差分特征都优于 PX-LBP 特征。在特征提取中，深度差分特征所用时间比 PX-LBP 特征所用时间明显减少。由此可得，单纯考虑像素分类效率，深度差分特征明显优于 PX-LBP 特征。

综上所述，与 PX-LBP 特征相比，深度差分特征的优点是像素分类准确率高、像素分类效率高、训练集采集时间短；缺点是训练图像数量不足时准确率偏低、训练集数据量较大、所需训练时间较长。

4.3　零件识别及装配监测

4.1 节和 4.2 节已完成了对深度图像的特征提取及像素分类，本节主要对装配体零件识别及装配监测方法进行研究。首先提出像素预测图像的获取方法，然后分析深度图像零件识别及装配监测的理论知识，最后通过实验验证理论分析，实现零件识别及装配监测。

4.3.1　像素预测图像获取

像素预测图像是指根据分类器的像素分类结果（result.txt），逐像素点绘制的彩色图像。由于本节是通过不同的 RGB 值对不同的零件进行颜色标记，RGB 值作为分类标记会与分类后的像素点一一对应。本章采用 OpenCV 的绘图功能获取像素预测图像，部分程序如下：

```
Mat img(424,512,CV_8UC3,Scalar(255,255,255));
namedWindow("像素预测图像");
string str;
fstream cin("result.txt");
for(int j=0;j<n;j++)
{
    cin>>str;
    x[j][0]=atof(str.c_str());
    cin>>str;
    x[j][1]=atof(str.c_str());
    cin>>str;
    x[j][2]=atof(str.c_str());
    center = Point((int)x[j][1],(int)x[j][0]);
    if(x[j][2]==0)circle(img, center, radius, CV_RGB(255,159,15),
    1,8,3);
    else if(x[j][2]==1)circle(img, center, radius, CV_RGB(0,0,243),
    1,8,3);
    else if(x[j][2]==2)circle(img, center, radius, CV_RGB(255,0,0),
    1,8,3);
    …
    else if(x[j][2]==13)circle(img, center, radius, CV_RGB(193,251,
    105), 1,8,3);
    else if(x[j][2]==14)circle(img, center, radius, CV_RGB(188,75,0),
    1,8,3);
    else circle(img, center, radius, CV_RGB(0,0,0),1,8,3);
}
imshow("像素预测图像",img);
IplImage qImg;
qImg = IplImage(img);
cvSaveImage("result.bmp",&qImg);
```

其中，result.txt 内的数据存储方式是每行代表一个像素点，共包括三个数字，三个数字之间通过空格隔开，前两个数字代表该像素点的横纵坐标，最后一个数字代表该像素点分类后的零件标记值，此处的零件标记值是 1～15，分别代表 15 个不同的零件，标记值与零件的标号下标一一对应。CV_RGB()中存入的是标号对应的各零件的 RGB 值。circle()是绘制圆的函数，程序中是以 center 为圆心，radius 为圆形半径，CV_RGB()内的 RGB 值为在 img 上绘制圆形的填充色，此处圆形半径设置为 0.5。图 4.24 为程序绘制的深度图像及对应的像素预测图像。

(a) 深度图像　　　　　　　　　　　　(b) 像素预测图像

图 4.24　程序绘制的深度图像及像素预测图像

值得注意的是，像素预测图像的每个像素点都是由深度图像的像素点经过像素分类后得到的，像素预测图像的像素点应该与深度图像的像素点完全重合，且像素点的 RGB 值代表着深度图像像素点的分类结果。下面在 4.1 节和 4.2 节像素分类研究成果的基础上，提出了基于深度图像的零件识别及装配监测方法。

4.3.2　基于深度图像的零件识别

基于深度图像的零件识别方法主要用于装配体零件识别和装配监测，装配体各零件的识别是完成装配监测的基础。只有准确识别出深度图像上装配体的各零件，才有可能分析推断出该零件的具体状态，从而判断装配过程是否出现错误，达到装配监测的目的。

1. 基于深度图像零件识别的理论分析

在合成深度图像时，先用不同的颜色标记不同的零件，并记录各零件对应的 RGB 值；然后用合成深度图像训练随机森林分类器，使用训练好的分类器对待测深度图像进行像素分类。根据分类结果，坐标值不变，采用标记 RGB 值绘制像素预测图像；最后通过分析像素预测图像内各零件的 RGB 值，并与表 4.1 内颜色标签图像的 RGB 值做比对，便可达到对装配体各零件识别的目的。

2. 基于深度图像零件识别的实验验证

为了分别获取采用 PX-LBP 特征和深度差分特征时本节算法对装配体各零件

的像素识别率，设计了若干组实验。实验中，深度差分特征的训练集与测试集及各参数和 4.2.2 节中实验部分所确定的最佳值完全相同；PX-LBP 特征的训练集与测试集及各参数和 4.1.3 节中实验部分所确定的最佳值完全相同。实验数据见图 4.25。由于 P_{12} 件被完全遮挡，图中没有该零件的数据。

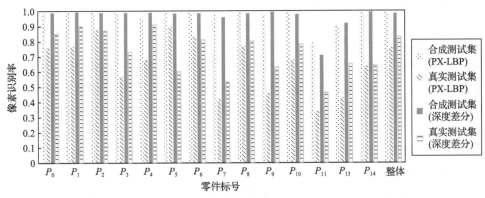

图 4.25　分类器对各零件的像素识别率

本节测试所用部分深度图像及对应的像素预测图像如表 4.8 所示。

表 4.8　深度图像和像素预测图像

图像	模型(PX-LBP)	实物(PX-LBP)	模型(深度差分)	实物(深度差分)
深度图像				
像素预测图像				

图像	模型(PX-LBP)	实物(PX-LBP)	模型(深度差分)	实物(深度差分)
深度图像				
像素预测图像				

从图 4.25 和表 4.8 中可以看出：

(1) 两种特征下对合成测试集的像素识别率都比较高，能达到 98% 以上；而对于真实测试集，两者像素识别率的差距比较明显，深度差分特征对整体的像素识别率大约为 83.7%，而 PX-LBP 特征对整体的像素识别率只能达到 77.5%。分析原因可知：①两个特征提取算法的抗噪能力不同，每个深度差分特征只需邻域内两个像素点就可产生，两个像素点中有任一像素点出现异常，特征值无效，而每个 PX-LBP 特征需要邻域内的 16 个点来确定，16 个点中任一个像素点出现异常都会导致这个特征值无效，从以上分析可以看出 PX-LBP 特征值无效的概率远比深度差分特征高。又由于 PX-LBP 特征每个中心像素点所产生的特征值数远小于深度差分特征所产生的特征值数，个别点的无效对整体的识别效果影响较明显，即 PX-LBP 特征的抗噪性弱于深度差分特征的抗噪性。②由于受 Kinect 2.0 传感器深度图像采集精度及外界环境影响，本章所用真实深度图像含有较多噪声，尽管在进行 PX-LBP 特征提取前进行了平滑处理，但仍然存在部分噪声干扰。

(2) 对于合成测试集，两种特征对各零件的像素识别率差别不大，部分零件的 PX-LBP 特征像素识别率略高，如 P_3 件、P_5 件和 P_{10} 件等，部分零件的深度差分特征像素识别率略高，如 P_4 件、P_9 件和 P_{13} 件等；但对于真实测试集，两者的差别较明显，大部分零件深度差分特征像素识别率明显高于 PX-LBP 特征，如 P_0 件、P_1 件、P_3 件、P_4 件和 P_{13} 件等，而只有 P_2 件、P_5 件和 P_6 件出现了 PX-LBP 特征高于深度差分特征的情况。分析原因可知，P_2 件、P_5 件和 P_6 件都处于图像的边缘位置，PX-LBP 特征在特征提取前进行了平滑处理，边缘零件内含有的噪声较少也较平滑，相对来说更接近于合成深度图像，像素识别率得到了提高，但一定程度上造成了边缘部分信息的失真。

4.3.3　基于深度图像的装配监测

在解决装配体各零件的识别问题外，还需要能够对装配体的装配过程进行监测。本节采用 Kinect 2.0 传感器对装配过程进行拍摄，考虑到多数装配体在装配过程中底座一般被固定或存在几种有限的位置变换，计划采用像素预测图像比对的方法来实现装配监测。

1. 基于深度图像装配监测的理论分析

假设装配体底座在装配过程中位置不变且相机的拍摄角度也不变，又考虑到装配过程中常出现的装配错误为零件错位和零件漏装，本节主要针对以上两种装配错误进行判断。将深度相机固定，采集正确装配下装配体的深度图像，并进行特征提取及像素分类，获取正确装配像素预测图像 a。在装配工艺监测中，采集装配体的深度图像，同样进行特征提取及像素分类，获取对应像素预测图像 b。

逐像素点对比图像 b 与图像 a，分别计算出像素预测图像 b 中各零件相对于像素预测图像 a 的像素重合率 q_z 和像素减少率 q_n，具体定义如下：

$$q_z = \frac{n_c}{n_z} \tag{4.18}$$

式中，n_c 为零件 P_n 分别在像素预测图像 a 和像素预测图像 b 中坐标重合的像素点数；n_z 为零件 P_n 在像素预测图像 a 中所含总像素点数。

$$q_n = \frac{n_a - n_b}{n_a} \tag{4.19}$$

式中，n_a 和 n_b 为零件 P_n 分别在像素预测图像 a 和像素预测图像 b 中所含像素点数。

　　通过分析各零件 q_z 和 q_n 的值来判断可能出现的装配错误，其中像素重合率 q_z 用于判断装配过程是否出错，像素减少率 q_n 用于判断装配过程出错的类型。判断过程如下：当某零件的 q_z 相对偏低而 q_n 的绝对值相对较大，即该零件的像素重合率较低且像素点数差距较大时，基本可判断该零件漏装；当某零件只有 q_z 相对偏低而 q_n 的绝对值并无明显偏大，即该零件的像素重合率较低但像素点数变化不大时，基本可判断该零件错位。

2. 基于深度图像装配监测的实验验证

　　通过对比正确装配的装配体像素预测图像与待测装配体的像素预测图像来实现装配监测功能，根据两者的像素重合率 q_z 和像素减少率 q_n 推断待测装配体的各零件所处状态。但由于受 Kinect 2.0 传感器深度图像采集精度及外界环境的影响，本节算法对真实深度图像的识别精度还有待提高。下面以合成深度图像为例对监测过程进行详细分析。

　　1）案例一

　　待测深度图像为模型的合成深度图像，装配错误为 P_7 件出现漏装，深度图像提取特征为 PX-LBP 特征。经特征提取及像素分类后获得像素预测图像如图 4.26 所示。根据式 (4.18)、式 (4.19) 计算图 4.26 中图 (b) 相对于图 (a) 的像素重合率 q_z 和像素减少率 q_n，计算结果如表 4.9 所示。

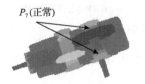

(a) 正确装配像素预测图像　　　　　　(b) 待测像素预测图像

图 4.26　P_7 件（大轴承）漏装

表 4.9　P_7 件漏装的比对数据　　　　　　　（单位：%）

零件标号	像素重合率 q_z	像素减少率 q_n
P_0	99.74	0.013
P_1	100	−0.006
P_2	100	−0.022
P_3	100	0
P_4	100	−0.005
P_5	100	0
P_6	99.79	−0.042
P_7	15.67	0.843
P_8	100	−0.018
P_9	96.99	−0.052
P_{10}	100	−0.153
P_{11}	100	−0.008
P_{12}	被遮挡	被遮挡
P_{13}	100	0
P_{14}	100	−0.004

注："−"表示像素增加。

从表 4.9 中可以看出，由于 P_7 件的像素重合率较低，且其像素减少率偏高，基本可判断 P_7 件出现了漏装现象。

2) 案例二

待测深度图像为模型的合成深度图像，装配错误为 P_0 件出现错位，深度图像提取特征为 PX-LBP 特征。经特征提取及像素分类后获得像素预测图像如图 4.27 所示。

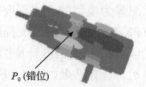

(a) 正确装配像素预测图像　　　　　　　(b) 待测像素预测图像

图 4.27　P_0 件（齿轮轴）错位

根据式(4.18)、式(4.19)计算图 4.27 中图(b)相对于图(a)的像素重合率 q_z 和像素减少率 q_n，计算结果如表 4.10 所示。

表 4.10　P_0 件错位的比对数据　　　　　（单位：%）

零件标号	像素重合率 q_z	像素减少率 q_n
P_0	72.21	0.1444
P_1	99.82	−0.005
P_2	100	−0.021
P_3	99.55	0
P_4	100	0
P_5	80.19	0.033
P_6	99.38	0.004
P_7	99.52	0
P_8	98.74	0.010
P_9	100	0
P_{10}	100	0.005
P_{11}	97.67	0
P_{12}	被遮挡	被遮挡
P_{13}	93.72	0.099
P_{14}	99.61	0.001

零件 P_0 的像素重合率较低，像素减少率较小，因此可判断 P_0 件出现了错位现象。

3）案例三

待测深度图像为模型的合成深度图像，装配错误为 P_{10} 件出现漏装，深度图像提取特征为深度差分特征。经特征提取及像素分类后获得像素预测图像如图 4.28 所示。

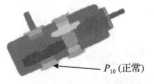
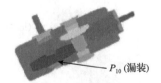

(a) 正确装配像素预测图像　　　　　(b) 待测像素预测图像
图 4.28　P_{10} 件（轴承端盖 3）漏装

根据式（4.18）、式（4.19）计算图 4.28 中图（b）相对于图（a）的像素重合率 q_z 及像素减少率 q_n，计算结果如表 4.11 所示。

根据表 4.11 的数据，首先分析各件的像素重合率，只有 P_{10} 件的像素重合率明显较低，推断该件可能存在装配错误；然后分析各件的像素减少率，只有 P_{10} 件的像素减少率偏高，因此基本可判断 P_{10} 件出现了漏装现象。

表 4.11 P_{10} 件漏装的比对数据   （单位：%）

零件标号	像素重合率 q_z	像素减少率 q_n
P_0	100	0
P_1	100	0.63
P_2	100	−0.75
P_3	100	0
P_4	100	0
P_5	100	0
P_6	100	−1.17
P_7	99.17	−1.24
P_8	100	0.26
P_9	100	2.43
P_{10}	8.92	91.10
P_{11}	100	0
P_{12}	被遮挡	被遮挡
P_{13}	100	−0.45
P_{14}	100	0

4）案例四

待测深度图像为模型的合成深度图像，装配错误为 P_0 件出现错位，深度图像提取特征为深度差分特征。经特征提取及像素分类后获得像素预测图像如图 4.29 所示。

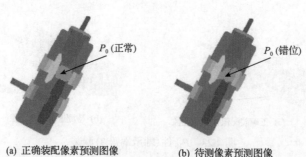

(a) 正确装配像素预测图像   (b) 待测像素预测图像

图 4.29 P_0 件（齿轮轴）错位

根据式（4.18）、式（4.19）计算图 4.29 中图（b）相对于图（a）的像素重合率 q_z 及像素减少率 q_n，计算结果如表 4.12 所示。

表 4.12　P_0 件错位的比对数据　　　　　（单位：%）

零件标号	像素重合率 q_z	像素减少率 q_n
P_0	87.65	−0.96
P_1	100	−0.35
P_2	100	1.36
P_3	100	−1.20
P_4	100	−3.38
P_5	100	0
P_6	100	−0.20
P_7	100	−0.38
P_8	100	−2.86
P_9	100	−0.49
P_{10}	99.53	0.46
P_{11}	100	−0.81
P_{12}	被遮挡	被遮挡
P_{13}	99.05	−12.38
P_{14}	100	0.12

从表 4.12 中可以看出，P_0 件像素重合率相对偏低，推断该件可能存在装配错误；分析各件的像素减少率，P_0 件的像素减少率虽然不为 0，但较小。因此，可判断 P_0 件出现了错位现象。

根据以上四个实例可以得出本节方法在一定程度上能够实现对合成深度图像中零件常出现的错位及漏装现象的判断，从理论上证明了本节方法在实际装配监测过程中应用的可行性。尽管受 Kinect 2.0 传感器深度图像采集精度及外界环境的影响，本节方法对于真实深度图像的监测精度还有待提高，但对于多数较大零件的装配错误，本节方法依然适用。

5）案例五

待测深度图像为实物的真实深度图像，装配错误为 P_3 件漏装，深度图像提取特征为 PX-LBP 特征。经特征提取及像素分类后获得像素预测图像如图 4.30 所示。

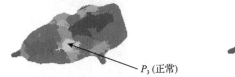
P_3（正常）

(a) 正确装配像素预测图像

P_3（漏装）

(b) 待测像素预测图像

图 4.30　P_3 件（大斜齿轮）漏装（PX-LBP 特征）

根据式(4.18)、式(4.19)计算图 4.30 中图(b)相对于图(a)的像素重合率 q_z 及像素减少率 q_n，计算结果如表 4.13 所示。

表 4.13　P_3 件漏装的比对数据（一）　　　　　　（单位：%）

零件标号	像素重合率 q_z	像素减少率 q_n
P_0	81.58	−0.081
P_1	99.32	−0.118
P_2	100	0.033
P_3	23.88	0.758
P_4	94.63	0.083
P_5	80.19	0.217
P_6	93.01	0.079
P_7	66.90	0.028
P_8	98.09	−0.157
P_9	98.90	−0.241
P_{10}	99.28	−0.057
P_{11}	99.43	−0.063
P_{12}	被遮挡	被遮挡
P_{13}	73.25	0.102
P_{14}	97.74	−0.167

从表 4.13 中可以看出，P_3 件像素重合率较低，推断该件可能存在装配错误；分析各件的像素减少率，P_3 件的像素减少率偏高。因此，基本可判断 P_3 件出现了漏装现象。

6) 案例六

待测深度图像为实物的真实深度图像，装配错误为 P_3 件漏装，深度图像提取特征为深度差分特征。经特征提取及像素分类后获得像素预测图像如图 4.31 所示。

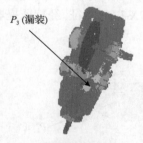

(a) 正确装配像素预测图像　　　　　　(b) 待测像素预测图像

图 4.31　P_3 件（大斜齿轮）漏装（深度差分特征）（一）

根据式(4.18)、式(4.19)计算图 4.31 中图(b)相对于图(a)的像素重合率 q_z 及像素减少率 q_n，计算结果如表 4.14 所示。

表 4.14　P_3 件漏装的比对数据(二)　　(单位：%)

零件标号	像素重合率 q_z	像素减少率 q_n
P_0	71.61	0.29
P_1	99.51	0.09
P_2	100	−0.06
P_3	42.24	0.42
P_4	87.27	0.16
P_5	100	0
P_6	97.70	−0.07
P_7	91.71	0.03
P_8	75.77	0.12
P_9	97.78	−0.03
P_{10}	100	−0.04
P_{11}	100	−0.01
P_{12}	被遮挡	被遮挡
P_{13}	53.55	0.38
P_{14}	99.00	−0.02

从表 4.14 中可以看出，P_3 件像素重合率相对偏低，推断该件可能存在装配错误；分析各件的像素减少率，P_3 件的像素减少率相对较大。因此，基本可判断 P_3 件出现了漏装现象。但表 4.14 中同样显示，P_{13} 件的像素重合率相对较低，像素减少率也出现了偏大的现象，尽管程度不如 P_3 件，但同样有可能存在漏装现象，因此需要进一步判断。图 4.32 为 P_3 件出现漏装现象但与图 4.31 视角不同的像素预测图像。

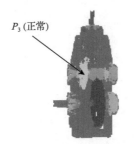
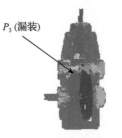

(a) 正确装配像素预测图像　　　　　　(b) 待测像素预测图像

图 4.32　P_3 件(大斜齿轮)漏装(深度差分特征)(二)

　　根据式(4.18)、式(4.19)计算图 4.32 中图(b)相对于图(a)的像素重合率 q_z 及像素减少率 q_n，计算结果如表 4.15 所示。

表 4.15　P_3 件漏装的比对数据(三)　　　　　　　　　(单位：%)

零件标号	像素重合率 q_z	像素减少率 q_n
P_0	67.78	0.34
P_1	98.96	−0.09
P_2	100	−0.06
P_3	37.50	0.44
P_4	76.74	0.39
P_5	100	0
P_6	90.48	0.03
P_7	98.16	0.03
P_8	65.42	0.32
P_9	93.90	−0.09
P_{10}	99.40	−0.17
P_{11}	95.95	0.04
P_{12}	被遮挡	被遮挡
P_{13}	73.60	0.18
P_{14}	96.76	−0.04

　　从表 4.15 中可以看出，P_3 件出现漏装现象，而 P_{13} 件的像素重合率并无明显异常。综合对比表 4.14、表 4.15 的数据，基本可以判断此待测状态下只有 P_3 件出现了漏装现象。

第5章　基于深度学习的装配体监测

本章主要介绍基于深度学习的机械装配体深度图像语义分割方法，利用基于深度学习的语义分割技术，对机械装配体深度图像进行语义分割，识别已装配零部件，进而实现装配体监测。

5.1　基于多跳跃式全卷积神经网络的装配体深度图像语义分割方法

在机械领域，装配体结构复杂且零件之间存在相互遮挡的现象，导致机械装配体语义分割困难，并且相关研究较少。因此，本节提出基于多跳跃式全卷积神经网络的装配体深度图像语义分割方法，利用包含齿轮减速器和蜗轮蜗杆减速器的装配体深度图像数据集分析多跳跃式全卷积神经网络对机械装配体分割性能的影响。

5.1.1　多跳跃式全卷积神经网络

多跳跃式全卷积神经网络是建立在全卷积神经网络基础上的，下面首先介绍全卷积神经网络，然后分析提出的多跳跃式全卷积神经网络。

1. 全卷积神经网络结构

全卷积神经网络(FCN)的结构如图1.5所示，可以划分为特征提取模块、分割图生成模块。特征提取模块由分类网络VGG[121]组成。VGG网络模型是由一系列的卷积层、最大池化层、全连接层、Softmax层组成的。VGG网络有五层卷积层，第一层包含两个64通道的3×3卷积，第二层包含两个128通道的3×3卷积，第三层共有四个256通道的3×3卷积，第四层共有四个512通道的3×3卷积，第五层也有四个512通道的3×3卷积。其中，各个卷积层的3×3卷积之后都要用ReLU激活函数完成非线性转换。VGG有五层最大池化层，每个最大池化层都是由滑动窗口大小为2×2、步长为2的最大池化组成。VGG有三层全连接层，第一层和第二层包含4096个神经元，最后一层神经元的数量代表最终分类的类别数量，Softmax层输出类别概率。

特征提取模块的具体过程如下：首先，将图像输入到VGG的第一个卷积层中，卷积层中两个 3×3 卷积和 ReLU 激活函数完成对输入图像的第一次特征提取。然后将第一次特征提取的特征图输入到第一个最大池化层，特征图经最大池化层后，接着输入到下面卷积层和最大池化层中，逐步完成对图像特征的提取。

值得注意的是，降低空间分辨率不仅可以增加感受视野，也可以降低对存储空间的要求。通道数量增加一倍，将使网络提取到的特征更加多样化。在全卷积神经网络中使用 1×1 卷积替代全连接，1×1 卷积不仅保留了图像特征的空间信息，也实现了任意大小的输入，减少了网络参数的数量。

特征提取完成后的特征图，相比于输入图像，其空间分辨率缩小为原来的 1/32。在空间分辨率不断降低的过程中，网络提取的特征越来越抽象，会丢掉一些低阶特征，而低阶特征对于语义分割是至关重要的。

为了恢复更多的低阶特征，全卷积神经网络在分割图生成模块中使用跳跃连接结构。跳跃连接是指将不同网络层的信息融合在一起，以恢复更多的低阶特征。首先，利用反卷积的方式将特征图进行上采样，使特征图的空间分辨率增加。然后，将最大池化层中具有相同空间分辨率的特征图提取出来，与完成上采样的特征图进行逐像素相加，实现信息融合。全卷积神经网络采用了两次跳跃结构，将来自网络深层次的抽象的高级特征与来自网络低层次的局部的低阶特征结合，弥补了低阶特征的丢失问题。将经过两次跳跃连接后的特征图利用反卷积进行 8 倍上采样，得到语义分割图。

2. 多跳跃式全卷积神经网络结构

全卷积神经网络实现了网络的全卷积化，不仅使网络可接受任意大小的输入，也降低了网络模型的参数量，提高了模型的运行速度，但全卷积神经网络输出的语义分割结果不够精细。因此，本节在全卷积神经网络的基础上，提出了多跳跃式全卷积神经网络用于机械装配体的语义分割。

深度学习网络在学习过程中，不同深度的网络层学习的特征是不一样的。较浅的网络层学习低阶特征(如颜色、边缘等)，而较深的网络层学习高阶特征(如物体的类别等)。对于语义分割，不仅要对每个像素点进行精确分类，也要对每个像素进行精确定位。为了恢复更多的低阶特征，提高语义分割的性能，本节在全卷积神经网络较浅的最大池化层引入跳跃结构，形成多跳跃式全卷积神经网络。多跳跃式全卷积神经网络包含两种网络结构，第一种是在全卷积神经网络的第二个最大池化层上引入跳跃结构，使网络融合更多的低阶特征，该网络结构定义为 FCN-4S；第二种在 FCN-4S 的第一个最大池化层引入跳跃结构，该网络结构定义为 FCN-2S。具体的模型结构如图 5.1 所示。

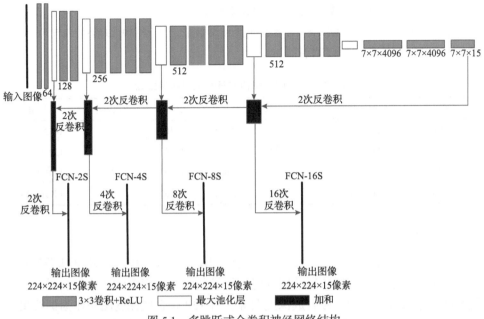

图 5.1　多跳跃式全卷积神经网络结构

5.1.2　实验及结果分析

1. 实验平台的搭建

实验平台设计主要包括深度学习框架、算力模块、编程语言。在深度学习框架方面，选择 TensorFlow 深度学习框架。在算力模块方面，采用 GPU 搭建实验平台，深度学习在训练过程中会涉及大量的向量和矩阵运算，其中包含大量的简单运算。GPU 因其具有多核并行计算的结构，可以支持大量数据的并行运算。与 CPU 相比较，使用 GPU 进行深度学习计算，其速度可以提升数倍。在编程语言方面，选用 Python 作为编程语言，Python 是一种解释语言，入门简单、上手快；具有丰富的类库，大大方便了程序的编写过程。

综上所述，本节搭建的实验平台的操作系统为 Ubuntu 16.04（64 位），GPU 为 NVIDIA QuadroM4000，CPU 为 Intel Xeon（R）E5-2630 V4 @ 2.20GHz，编程语言为 Python，深度学习框架为 TensorFlow。

2. 评价指标和模型设置

为了评估多跳跃式全卷积神经网络的性能，像素分类准确率（PA）公式如下：

$$PA = \frac{P_Y}{P_N} \tag{5.1}$$

式中，P_Y 为正确预测的像素数；P_N 为像素总数。

表 5.1 给出了不同网络结构的参数配置和参数量。从表中可以看出，与 FCN-8S 相比，FCN-2S 的参数量仅略有增加。

表 5.1 不同网络结构的参数配置和参数量

结构	图像大小/像素	损失函数	优化器	学习率	批次大小	参数量
FCN-16S	224×224	交叉熵	Adam	$1×10^{-5}$	1	145259614
FCN-8S	224×224	交叉熵	Adam	$1×10^{-5}$	1	139558238
FCN-4S	224×224	交叉熵	Adam	$1×10^{-5}$	1	140139998
FCN-2S	224×224	交叉熵	Adam	$1×10^{-5}$	1	140163614

3. 数据集

与第 3 章样本库构建过程类似，基于由 14 个零件组成的齿轮减速器和由 7 个零件组成的蜗轮蜗杆减速器的图像建立机械装配体深度图像数据集。对于每种装配体，总共获得了 180 张合成深度图像。将 120 张合成深度图像作为训练集，而剩下的 60 张作为验证集。另外，用深度相机采集物理组装物体的 10 张真实深度图像作为测试集。在训练多跳跃式全卷积神经网络时，使用数据增强方法将训练集和验证集的数量分别增加到 405 张和 135 张。采用迁移学习策略在 ImageNet 上训练权值初始化多跳跃式全卷积神经网络的模型参数。

4. 实验结果与分析

表 5.2 给出了相同装配体数据集在不同网络模型的测试集和验证集的像素分类准确率。通过比较具有不同网络模型的像素分类准确率可以看出，两个装配体均在 FCN-2S 上具有最高的像素分类准确率。一张深度图像像素分类的平均运行时间约为 0.173s。

表 5.2 不同网络模型的像素分类准确率 （单位：%）

结构	数据集	分类准确率	
		齿轮减速器	蜗轮蜗杆减速器
FCN-16S		93.84	97.64
FCN-8S	验证集	96.10	97.83
FCN-4S		97.72	98.59
FCN-2S		98.80	99.53
FCN-2S	测试集	94.95	96.52

可见在齿轮减速器数据集上，FCN-4S 和 FCN-2S 的验证集像素分类准确率

分别比 FCN-8S 高 1.62 个百分点和 2.7 个百分点，FCN-16S 的验证集像素分类准确率比 FCN-8S 低 2.26 个百分点。对于特征学习，全卷积神经网络使用空间不变性的学习方法，限制了对象的空间精度。上层卷积层具有准确的位置信息，在较浅的卷积层中，全卷积神经网络可以学习准确的位置信息，从而提高网络性能。FCN-2S 验证集像素分类准确率已经达到 98.80%，测试集像素分类准确率达到 94.95%。在蜗轮蜗杆减速器数据集上，FCN-2S 取得了最好的结果，验证集像素分类准确率达 99.53%，比 FCN-8S 高出 1.7 个百分点；测试集像素分类准确率已达到 96.52%。综上所述，FCN-2S 在用于机械装配图像分割的数据集像素分类中取得了最佳结果。

图 5.2 展示了不同网络模型在齿轮减速器上的像素分类准确率曲线。从图中可以看出随着迭代次数的增加，不同网络模型的训练集和验证集的像素分类准确

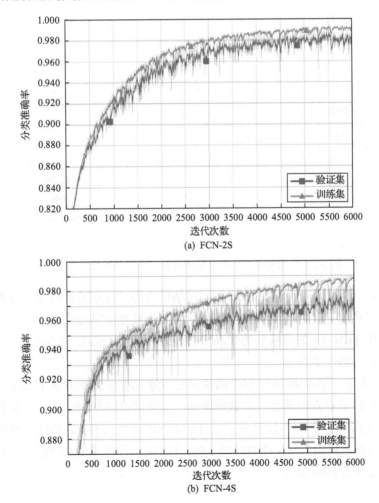

(a) FCN-2S

(b) FCN-4S

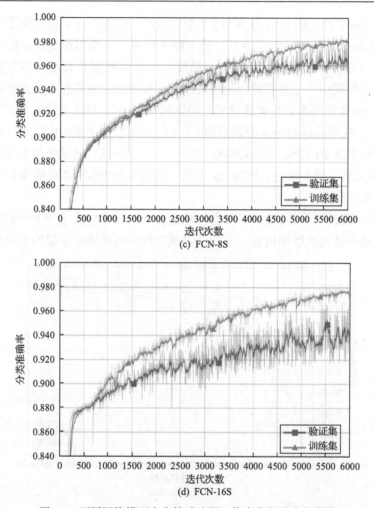

图 5.2　不同网络模型在齿轮减速器上像素分类准确率曲线

率都会提高。经过 6000 次迭代后，不同网络模型的验证集的最终像素分类准确率都达到了最高值。另外，随着迭代次数的增加，其验证集的像素分类准确率不断提高。其中 FCN-2S 的像素分类准确率曲线最为平缓，说明 FCN-2S 拟合数据的效果最佳，分割性能最佳。

　　图 5.3 展示了不同网络模型在蜗轮蜗杆减速器上的像素分类准确率曲线。从图中同样可以观察到随着迭代次数的增加，不同网络模型的验证集的像素分类准确率不断提高。经过 6000 次迭代后，对于不同的网络模型，其验证集的像素分类准确率均达到最高值。和齿轮减速器一样，FCN-2S 的像素分类准确率曲线最为平缓，像素分类准确率最高。

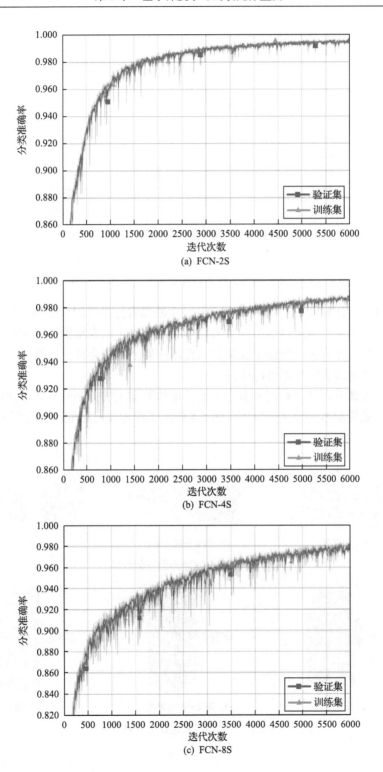

(a) FCN-2S

(b) FCN-4S

(c) FCN-8S

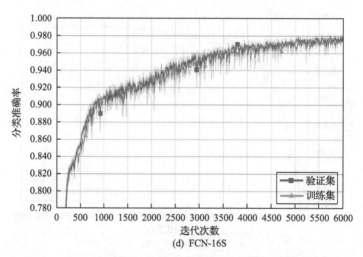

(d) FCN-16S

图 5.3　不同网络模型在蜗轮蜗杆减速器上像素分类准确率曲线

　　通过综合比较图 5.2 和图 5.3，FCN-2S 的像素分类准确率最高。相比于齿轮减速器，蜗轮蜗杆减速器的结构更为简单。因此，可以观察到 FCN-2S 在齿轮减速器上的曲线拟合情况要逊于在蜗轮蜗杆减速器上的拟合情况，说明 FCN-2S 在蜗轮蜗杆减速器上的分割性能更好。

　　为了更加直观地观察到本节方法对装配体数据集的分割效果，下面进一步可视化了机械装配体的语义分割图。图 5.4 展示了齿轮减速器的语义分割图，图 5.5

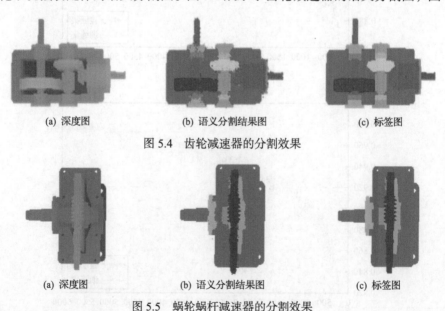

(a) 深度图　　　　　　　　(b) 语义分割结果图　　　　　　　　(c) 标签图

图 5.4　齿轮减速器的分割效果

(a) 深度图　　　　　　　　(b) 语义分割结果图　　　　　　　　(c) 标签图

图 5.5　蜗轮蜗杆减速器的分割效果

展示了蜗轮蜗杆减速器的语义分割图。图 5.4(a) 和图 5.5(a) 为输入到 FCN-2S 中的深度图像，图 5.4(b) 和图 5.5(b) 为 FCN-2S 输出语义分割图，图 5.4(c) 和图 5.5(c)为深度图像的标签图像。根据语义分割图的结果，可知 FCN-2S 对两个装配体都实现了效果很好的分割性能。

5.2　基于可训练引导滤波器和多尺度特征图的装配体深度图像语义分割方法

针对机械装配体领域小零件分割性能差、语义分割图像边缘模糊等问题，本节提出基于可训练引导滤波器和多尺度特征图的装配体深度图像语义分割方法。该方法首先在 FCN 的第二个最大池化层引入一个跳跃连接，使网络具有更多的低阶特征；然后通过在每个跳跃连接后连接卷积和非线性变化等，来加深网络模型的复杂度；接着引入可训练引导滤波器(trainable guided filter)，来改善分割图像的边缘；最后通过融合多尺度特征图(multi-scale feature map)来获取不同尺度零件的信息，加强对小零件的学习能力。在包含四类装配体的多个装配阶段的机械装配体深度图像数据集中验证本节提出方法的有效性。

5.2.1　基于可训练引导滤波器和多尺度特征图的网络结构

图 5.6 为本节所提网络结构示意图。该网络以全卷积神经网络为基础网络，全卷积神经网络的浅层可以学习到更多的低阶特征，而这些特征对恢复物体的位置信息来说至关重要。因此，本节在全卷积神经网络的第二个最大池化层引入跳跃连接。这个阶段改进的网络结构定义为全卷积神经网络+跳跃连接(FCN+Skip)结构。深度学习网络结构的复杂度越高，对数据模拟的能力就越强，因此在 FCN+Skip结构的跳跃连接后又添加了两个 3×3 卷积层。这个阶段改进的网络结构定义为全卷积神经网络+跳跃连接+卷积和激活函数(FCN+Skip+CR)结构。全卷积神经网络不断的下卷积使物体丢失了细节信息，虽然后续通过跳跃连接的方式恢复物体的细节信息，但是也会导致物体边缘分割模糊的问题。为解决此问题，将可训练引导滤波器融合到 FCN+Skip+CR 结构中以改善语义分割图的边缘，这个阶段改进的网络结构定义为全卷积神经网络+跳跃连接+卷积和激活函数+可训练引导滤波器[65](FCN+Skip+CR+TGF)结构。机械装配体中的零件尺寸不一，且零件之间遮挡严重，会导致小零件分割困难。为了增加网络的多尺度特征，增强对小零件的分割能力，在 FCN+Skip+CR+TGF 结构的基础上融入多尺度特征图[66]，形成了最终的网络结构。

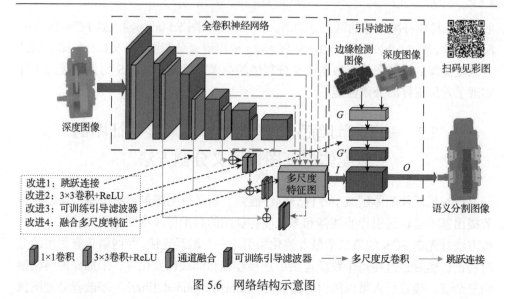

图 5.6 网络结构示意图

1. 可训练引导滤波器

可训练引导滤波器[65]通过给定的引导图像，可优化输入图像的边缘信息。引导图像可以是输入图像本身，也可以是其他图像。该滤波器可以与双边滤波器一样保留边缘平滑算子，并且它在边缘附近有更好的性能。可训练引导滤波器包含可学习的参数，可以集成到深度学习网络中，通过端到端的训练优化这些参数。

假设传统的引导滤波器[65]的输入图像为 I，引导图像为 G，输出图像为 O。引导滤波的具体过程如式 (5.2) 所示：

$$\hat{I}^i = A_l^i * G'^i + b_l^i, \quad \forall i \in \omega_k \tag{5.2}$$

式中，A_l^i、b_l^i 是由最小化 $\hat{I}^i$ 和 I 之间的重建误差得到的，其中 $\hat{I}^i$ 是由局部线性模型驱动的；ω_k 为 G 上第 k 个局部方形窗口；G'^i 为 ω_k 中的第 i 个像素；* 代表逐像素相乘。

最终的输出图像 O 是由一个线性变换模型得到的：

$$O = A_h * I + b_h \tag{5.3}$$

式中，A_h、b_h 通过对 A_l、b_l 上采样得到。

但是传统的引导滤波器只能应用于后处理过程，并不能与深度学习网络结合实现端到端的训练。在本节提出的可训练引导滤波器中，A_l、b_l、I、G 通过使用均值过滤器 f_u 和局部线性模型得到。为了降低计算复杂度，均值过滤器 f_u 被盒式过滤器替代。A_h、b_h 通过双线性采样得到，网络最终输出通过一个线性模型得到。

2. 多尺度特征图

在机械装配体语义分割过程中，网络模型的低层特征分辨率较高，有更多的位置、细节等信息。因此，神经网络经过多次不同尺度的卷积操作，获得更多的位置和细节信息，具有较强的语义分割性。多尺度特征融合可以根据融合与预测的先后次序，分为早融合和晚融合两类。

早融合是先将网络多个层的输出特征进行融合，再在融合后的特征上进行预测。融合的方式主要有两种：第一种是利用逐像素相加的方式将特征融合在一起；第二种是通过将特征的维数进行拼接的方式进行融合。

晚融合是利用多个层的预测结果来改进分割的性能。融合的方式主要有两种：第一种是先对每个层分别进行预测，再将预测的结果进行融合；第二种是先对特征进行金字塔融合，再在融合后的特征上预测结果。

为了节省计算力的开销，先对多个层分别进行预测，再将预测结果拼接在一起实现多尺度特征融合。

5.2.2　其他语义分割网络

1. 金字塔场景解析网络

在复杂的场景解析任务中，上下文信息不仅普遍而且至关重要。Zhao 等[127]利用金字塔池化模块和金字塔场景解析网络(PSPNet)实现了基于不同区域的上下文信息来探索全局上下文信息的功能。PSPNet 能够将学习困难的场景的上下文信息融合到基于全卷积神经网络的像素预测框架中，结构示意图如图 5.7 所示。

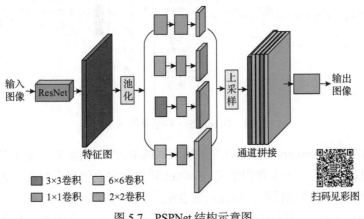

图 5.7　PSPNet 结构示意图

在深度学习网络中，网络的深度暗示了上下文信息的使用程度。但是网络的理论感受野比实际要小，这使得深度学习网络无法充分融合重要的全局场景先验。全局平均池化是一个较好的全局上下文先验，但是直接使用全局平局池化可能会丧失空间信息之间的关系。金字塔池化模块融合了四个不同的金字塔尺度，不同尺度的金字塔输出特征图的大小也不一样。为了保持全局特征，在每个不同尺度的金字塔输出之后首先采用 1×1 卷积将上下文的特征图减小 1/4，然后使用双线性插值对不同大小的特征图进行上采样，获得与原始特征图大小一样的尺寸特征，最后将上采样后的所有特征图通过通道拼接的方式连接起来，成为金字塔池的全局特征。

PSPNet 首先使用包含空洞卷积的预训练 ResNet[128]模型进行特征提取，然后使用金字塔池化模块获取上下文信息，最后通过一个卷积层对获取的上下文信息进行处理，得到最终的预测图。

2. DeepLabv3

Chen 等[52]提出了 DeepLabv3 网络结构，如图 5.8 所示，为了在多尺度上分割对象，该结构采用串联和并联的方式，针对不同空洞率的空洞卷积捕获多尺度上下文信息。空洞卷积可以显式控制感受野的大小，从而控制输出特征图的分辨率大小。该网络融合了新颖的空洞空间金字塔池化模块，该模块以编码全局上下文信息的图像级特征来探索多尺度卷积特征，进一步提高了分割性能。

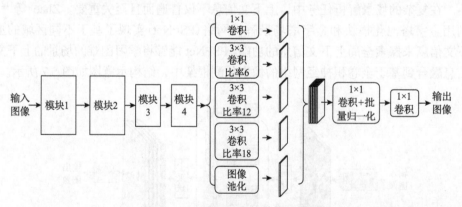

图 5.8　DeepLabv3 网络结构示意图

图 5.8 中，DeepLabv3 网络首先采用串联的 ResNet 模块进行特征提取，每个 ResNet 模块是由三个 3×3 卷积组成。ResNet 利用最大池化和步幅大于 2 的卷积操作完成对长依赖信息的捕捉，但此过程会造成细节信息破坏，不利于语义分割。因此，DeepLabv3 采用期望输出的步幅来确定空洞卷积的空洞率，利用带有空洞

率的空洞卷积来捕获长距离信息。

空洞空间金字塔是由不同空洞率的并行空洞卷积组成的，然而随着空洞率的增加，过滤器有效权值的数量会变小。为了解决这个问题，在空洞空间金字塔池化模块加入了图像级特征。图像级特征是先通过对输入到空洞空间金字塔池化模块的特征图采用全局平均池化，然后采用 1×1 卷积并进行批量归一化，最后进行双线性上采样至所需的空间尺寸所得到。

将来自空洞空间金字塔池化模块的所有分支结果进行通道拼接，将拼接后的结果经过 1×1 卷积和批量归一化处理。为得到与分类类别数量相等的语义分割图通道数，最后进行 1×1 卷积操作。

3. DeepLabv3+

空间金字塔池化模块可以使用具有多个空洞率和多个有效感受野的过滤器或者池化对输入特征进行提取，从而对多尺度的上下文信息进行编码。编码-解码器结构可以通过逐渐恢复空间信息来捕获更为清晰的对象边界。Chen 等[129]结合这两种方法的优势，拓展了 DeepLabv3 网络结构，提出新的网络结构 DeepLabv3+。DeepLabv3+的具体网络结构如图 5.9 所示。

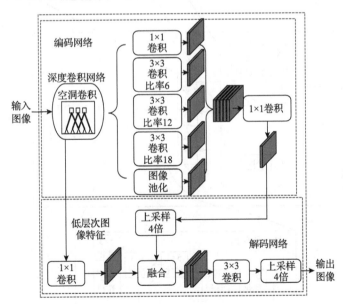

图 5.9　DeepLabv3+网络结构示意图

DeepLabv3+将深度分离卷积用于空洞空间金字塔和解码器模块，形成表现更加突出的编码-解码网络。DeepLabv3+将 DeepLabv3 作为编码网络，将 DeepLabv3 输出分割图前的特征图作为编码网络的输出，该特征图包含 256 个通道，其空间分辨率大小为输入图像的 1/16。在 DeepLabv3+的解码网络中，首先对编码网络输出的特征图进行双线性 4 倍上采样，然后将与来自编码网络具有相同空间分辨率的低层次图像特征进行通道拼接。由于低层次图像特征可能含有较多的通道数量，要利用 1×1 卷积来减少通道数量。在通道拼接之后，采用 3×3 卷积和双线性上采样得到最终的语义分割图。

4. RefineNet

RefineNet[130]是一个通用的多路径优化网络，它显式地利用了降采样过程中所有可用的信息，使残差连接可以进行高分辨率预测图的推理。在 RefineNet 模块引入链式残差池，使得网络可以更有效地捕获丰富的背景上下文信息，如图 5.10 所示。

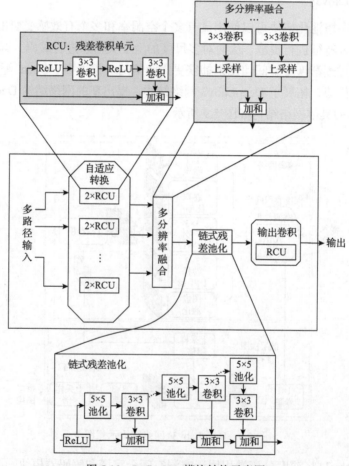

图 5.10　RefineNet 模块结构示意图

RefineNet 是由预训练的四个残差网络模块和四个 RefineNet 模块组成的四级

联结构，其中每个 RefineNet 模块都直接连接到一个残差网络模块和前一个 RefineNet 模块，具体结构如图 5.11 所示。

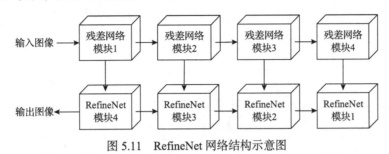

图 5.11　RefineNet 网络结构示意图

5.2.3　实验相关设置

1. 实验平台搭建和评价指标

此次实验平台的操作系统为 Windows 10(64 位)，显卡为 NVIDIA-SMI 432.00，GPU 为 TITAN XP 12288MB，CPU 为 Intel Xeon(R) E5-2650 V4 @ 2.20GHz，内存为 128GB。其余实验相关设置与第 4 章相同。

为了测试网络性能，本节采用平均像素准确率、平均准确率和分割时间作为评价指标。平均像素准确率(MPA)定义如式(5.4)所示：

$$MPA = \frac{1}{K+1}\sum_{j=0}^{K}\frac{P_{jY}}{P_{jN}} \tag{5.4}$$

式中，K 为类别数；P_{jY} 为预测正确的像素数；P_{jN} 为总像素数。

2. 模型设置

为减少模型训练时间，本节采用了迁移学习的方式。在 ImageNet 训练的权值作为全卷积神经网络的初始权值，初始化 3×3 卷积和可训练引导滤波器的权值。将网络的初始学习率定义为 10^{-4} 并且采用指数衰减法，即每 500 步进行一次学习率的衰减，衰减率为 0.95，总迭代次数为 5。将批量大小设置为 4，图像大小为 224×224 像素。损失函数采用交叉熵函数，优化器选用 Adam。其他语义分割网络模型采用相同的参数配置。

3. 数据集

本节根据第 3 章的样本库建立流程创建全新的机械装配体深度图像数据集。建立的新数据集由四个不同的机械装配体在不同装配阶段的深度图像组合而成，如图 5.12 所示。

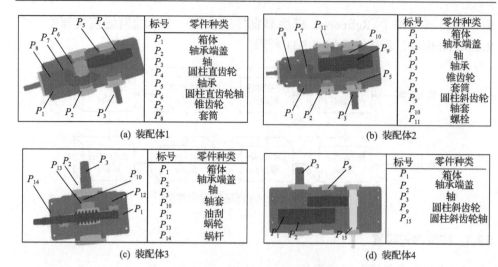

图 5.12　装配体中零件示意图

本节按照组成方式的不同将数据集划分成三个数据集。

数据集 1：选用装配体 1、装配体 2、装配体 3 的深度图像作为训练集和验证集，其中训练集 932 张、验证集 315 张；装配体 4 的深度图像作为测试集，共 103 张。该数据集适合于新产品的监测，即使用已有的数据集分割新产品的装配体，监测新产品的装配过程。

数据集 2：从四个机械装配体的每一个装配体中选取一个装配阶段的深度图像组成测试集，共 120 张；每个装配体剩余的深度图像组成训练集和验证集，其中训练集 934 张、验证集 316 张。该数据集适合于已有的复杂产品装配顺序的监测，即监测产品每个阶段的装配，判断装配顺序是否有误。

数据集 3：从四个机械装配体的深度图像中按照一定比例随机抽取的方式组成数据集，其中训练集 906 张、验证集 310 张、测试集 132 张。通过大量随机抽取的方式，可以检测装配是否有误，从而判断装配质量。

5.2.4　实验及结果分析

下面在三类数据集上评估本节提出网络的性能。在每个数据集上，首先通过实验验证每个阶段改进的网络对分割性能的提升效果；然后与其他语义分割网络进行对比实验；接着选取装配体中的小零件进行分割性能的对比实验，观察本节提出方法对小零件分割性能的影响；最后综合比较分析所提网络在三种数据集上的语义分割结果和图像边缘改善情况。

1. 数据集 1 的实验结果及分析

本节提出的每个改进阶段的网络对分割性能影响的实验结果如表 5.3 所示。

可以观察到在数据集 1 中，本节提出的每个改进阶段的网络都使分割性能有所提高。通过比较所提网络与全卷积神经网络，可以观察到该网络在评价指标 PA 上高达 92.1%，比全卷积神经网络高出了 13.37 个百分点。在评价指标 MPA 上为82.66%，比全卷积神经网络高出了 25.84 个百分点。

表 5.3　每个改进阶段网络的性能比较（数据集 1）

数据集	方法	PA/%	MPA/%	时间/s
	FCN	78.73	56.82	0.063
	FCN+Skip	82.37	60.56	0.063
数据集 1	FCN+Skip+CR	85.66	70.38	0.063
	FCN+Skip+CR+TGF	89.69	78.8	0.073
	本节所提网络	92.1	82.66	0.075

表 5.4 给出了本节提出的网络与其他语义分割网络在数据集 1 的性能比较。可以观察到，本节提出网络在评价指标 PA 和 MPA 上，相比其他网络具有明显优势。

表 5.4　本节提出的网络与其他语义分割网络的性能比较（数据集 1）

数据集	方法	PA/%	MPA/%	时间/s
	PSPNet	82.3	16.4	0.02
	DeepLabV3	76	12.7	0.02
数据集 1	DeepLabV3+	77.64	12.58	0.024
	RefineNet	78.38	13.92	0.05
	本节所提网络	92.1	82.66	0.075

为测试小零件的分割性能，选择装配体 4 中的轴承端盖来进行小零件分割性能的对比实验，实验结果如表 5.5 所示。可以看出，本节所提网络相较于全卷积神经网络，在评价指标 PA 上提高了 31.79 个百分点，达到了 72.48%。实验结果证明，本节提出的网络在数据集 1 上对小零件的分割性能有改善作用。

表 5.5　小零件上分割性能对比实验　　　　　（单位：%）

数据集	零件种类	PA（FCN）	PA（本节提出网络）
数据集 1	轴承端盖	40.69	72.48

2. 数据集 2 的实验结果及分析

本节所提网络对分割性能影响的实验结果如表 5.6 所示。可以看出在数据集 2

中，本节所提网络都使分割性能有所提高。通过比较本节网络与全卷积神经网络可以发现，在数据集 2 中，本节所提网络在评价指标 PA 上高达 94.71%，比全卷积神经网络高出 10.07 个百分点，在评价指标 MPA 上高达 35%，比全卷积神经网络高出了 9.77 个百分点。

表 5.6　每个改进阶段网络的性能比较（数据集 2）

数据集	方法	PA/%	MPA/%	时间/s
	FCN	84.64	25.23	0.062
	FCN+Skip	85.66	26.35	0.063
数据集 2	FCN+Skip+CR	90.23	29.49	0.063
	FCN+Skip+CR +TGF	94.63	34.85	0.072
	本节所提网络	94.71	35	0.073

　　表 5.7 给出了本节所提网络与其他语义分割网络在数据集 2 中的性能对比。可以观察到，本节所提网络在评价指标 PA 和 MPA 上，相比其他网络具有明显优势。

表 5.7　本节所提网络与其他语义分割网络的性能比较（数据集 2）

数据集	方法	PA/%	MPA/%	时间/s
	PSPNet	86.7	24.9	0.021
	DeepLabV3	77.1	18.5	0.02
数据集 2	DeepLabV3+	82.88	22.2	0.021
	RefineNet	82.26	20.2	0.048
	本节所提网络	94.71	35	0.073

　　为测试小零件的分割性能，本节选择轴承、锥齿轮、套筒、螺栓和油刮五类小零件进行分割性能的对比实验，实验结果如表 5.8 所示。

表 5.8　小零件上分割性能对比实验（数据集 2）　　　　（单位：%）

数据集	零件种类	PA（FCN）	PA（本节所提网络）
	轴承	17.48	40.58
	锥齿轮	8.2	36.07
数据集 2	套筒	6.8	20.37
	螺栓	1.2	2.2
	油刮	4.7	21.02

从表 5.8 可以看出，在五类零件中本节网络模型相比全卷积神经网络在评价指标 PA 上均有所提高。其中，在轴承类零件中，提高了 23.1 个百分点，达到 40.58%；在锥齿轮类零件中，提高了 27.87 个百分点，达到 36.07%；在套筒类零件中，提高了 13.57 个百分点，达到 20.37%；在螺栓类零件中，提高了 1 个百分点，达到 2.2%；在油刮类零件中，提高了 16.32 个百分点，达到 21.02%。实验结果表明，本节所提网络在数据集 2 上对小零件的分割性能有改善作用。

3. 数据集 3 的实验结果及分析

本节所提网络对分割性能影响的实验结果如表 5.9 所示。可以看出在数据集 3 上，本节所提网络都使分割性能有所提高。通过与全卷积神经网络比较发现，在数据集 3 中，本节所提网络在评价指标 PA 上高达 96.62%，比全卷积神经网络高出了 9.7 个百分点；在评价指标 MPA 上为 35.08%，比全卷积神经网络高出了 8.24 个百分点。

表 5.10 给出了本节所提网络与其他语义分割网络在数据集 3 的性能比较。可以看出，本节所提网络在评价指标 PA 和 MPA 上，相比其他网络具有明显优势。

表 5.9　每个改进阶段网络的性能比较(数据集 3)

数据集	方法	PA/%	MPA/%	时间/s
数据集 3	FCN	86.92	26.84	0.062
	FCN+Skip	91.08	31.26	0.062
	FCN+Skip+CR	93.86	33.15	0.063
	FCN+Skip+CR+TGF	95.89	34.53	0.07
	本节所提网络	96.62	35.08	0.073

表 5.10　本节所提网络与其他语义分割网络的性能比较(数据集 3)

数据集	方法	PA/%	MPA/%	时间/s
数据集 3	PSPNet	89.28	25.16	0.02
	DeepLabV3	76.4	16.5	0.018
	DeepLabV3+	88.4	25.1	0.02
	RefineNet	86.8	24.8	0.046
	本节所提网络	96.62	35.08	0.073

与数据集 2 相同，选择轴承、锥齿轮、套筒、螺栓和油刮五类小零件进行分割性能的对比实验，实验结果如表 5.11 所示。

从表 5.11 中同样可以看出，在五类零件中本节所提网络相较于全卷积神经网络在评价指标 PA 上均有所提高。其中，在轴承类零件中，提高了 22.6 个百分点，达到 50.33%；在锥齿轮类零件中，提高了 14.53 个百分点，达到 29.3%；在套筒类

表 5.11　小零件上分割性能对比实验(数据集 3)　　　　　(单位: %)

数据集	零件种类	PA(FCN)	PA(本节提出网络)
数据集 3	轴承	27.73	50.33
	锥齿轮	14.77	29.3
	套筒	8.8	27.51
	螺栓	0.6	4.3
	油刮	5	14.22

零件中,提高了 18.71 个百分点,达到 27.51%;在螺栓类零件中,提高了 3.7 个百分点,达到 4.3%;在油刮类零件中,提高了 9.22 个百分点,达到 14.22%。实验结果表明,本节所提网络在数据集 3 上对小零件的分割性能有改善作用。

4. 三个数据集实验结果综合分析

通过分析上述改进网络在三个数据集上对分割性能的影响实验发现,FCN+Skip 网络在评价指标 PA、MPA 上要优于全卷积神经网络,表明在全卷积神经网络第二个最大池化层添加跳跃连接,增加更多的低阶特征确实提高了语义分割精度。FCN+Skip+CR 结构在评价指标 PA、MPA 上要优于 FCN+Skip 网络,表明增加网络的非线性变化提高了网络模型的复杂度,使网络分割机械装配体的能力得到进一步提高。FCN+Skip+CR+TGF 网络在评价指标 PA、MPA 上优于 FCN+Skip+CR 网络,表明融合可训练引导滤波器对提高分割精度有益。在 FCN+Skip+CR+TGF 网络的基础上融合多尺度特征图形成最终的网络结构,该网络实现了在三个机械装配体深度图像数据集上最佳的分割性能。

分析本节所提网络与其他语义分割网络在三个数据集上的对比实验发现,相较于其他语义分割网络,本节所提网络在评价指标 PA、MPA 上的性能均达到最优。在分割运行时间的评价指标上,本节所提网络在三个数据集上比最快的语义分割网络只差 0.055s 左右。本节所提网络在三类数据集上最慢的分割时间是 0.075s,可以满足实时性的要求。

分析三个数据集与其他语义分割网络进行小零件分割性能的对比实验发现,本节所提网络在三类数据集上均对小零件的分割性能有所改善。

5. 语义分割结果

为了证明本节所提网络对图像分割边缘改善的效果,下面比较本节所提网络和其他语义分割网络的语义分割图像。如图 5.13 所示,第 1 列是输入到网络中的深度图像,第 2 列是标签图像;第 3、4、5、6、7 列是其他语义分割网络输出的语义分割图；最后一列是本节所提网络的语义分割图。从图中可以观察到，本节所提网络相比于全卷积神经网络，图像分割边缘得到明显的改善，说明本节所提网络确实改善了图像分割边缘。

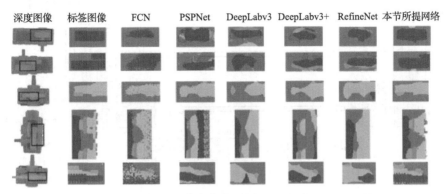

深度图像　标签图像　FCN　PSPNet　DeepLabv3　DeepLabv3+　RefineNet　本节所提网络

图 5.13　三个装配体数据集在不同语义分割网络的可视化结果

从图 5.13 中可以观察到，相比于其他语义分割网络，本节所提网络在进行图像分割时，边缘最为清晰，从另一方面说明了本节方法具有最佳的分割性能。

5.3　基于 U-Net 的装配体深度图像轻量级语义分割方法

基于深度学习的语义分割网络不仅具有很高的复杂度，而且含有大量的模型参数，这对计算力提出了很高的要求。针对这个问题，本节以 U-Net 网络为基础，提出一种装配体深度图像轻量级语义分割网络，具有全连接条件随机场的选择性内核卷积 U-Net 网络，即 SKC-UNet+DenseCRF 网络。该网络不仅实现了动态选择机制，而且使模型参数，即数量大大减少，网络更加轻量化；将全连接随机条件场与 SKC-UNet 网络相结合，可以改善机械装配体的语义分割结果。

5.3.1　U-Net 网络结构

SKC-UNet+DenseCRF 网络是建立在 U-Net[56]网络基础上的。U-Net 网络主要用于更好地解决医学图像的分割问题，它可以只使用少量的图像数据就能实现良好的分割性能，且网络结构简单，是一个轻量级网络。

U-Net 网络是一种由编码器和解码器组成的对称网络结构，如图 5.14 所示。编码器共有五层网络，每一层网络都由两个 3×3 卷积核大小的卷积层和一个最大池化层组成。在卷积层中，每个 3×3 卷积之后，通过 ReLU 激活函数激活。图像每经过一次最大池化层，特征图的空间分辨率就会减少为原来的 1/2，特征图的通道数量增加一倍。

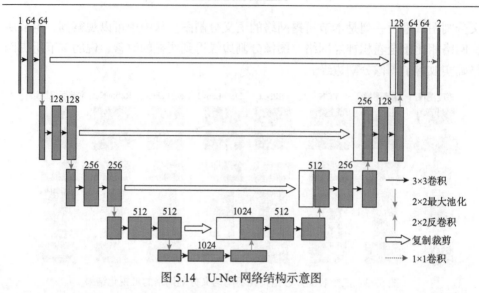

图 5.14　U-Net 网络结构示意图

　　U-Net 网络的解码器一共有四层网络,每层网络都由上采样、通道拼接和两个卷积层组成。解码器中的激活函数和编码器相同。每层具体操作流程如下,首先对特征图进行 2×2 的向上卷积,完成上采样操作。然后将上采样完成后的特征图与对应编码器中的特征图进行通道拼接,在拼接过程中,由于图像大小不一,需要对来自编码器的图像进行剪切。接着经过两个 3×3 的卷积层。在解码器最后一个网络层中,U-Net 网络在两个卷积层后添加了一个 1×1 的卷积层,并使用 Sigmoid 激活函数。最后得到最终的语义分割图像。其中,语义分割图的通道数量由分类的类别数量决定。

5.3.2　SKC-UNet+DenseCRF 网络结构

　　图 5.15 为 SKC-UNet+DenseCRF 网络结构示意图。U-Net 网络在使用 3×3 卷积时,采用的是 Valid 的填充方式,这使得图像每经过一个 3×3 卷积后图像的分辨率都会有所降低,造成图像信息的损失;U-Net 网络在解码器中进行通道拼接操作时,也不得不对图像先进行剪切操作。为了解决卷积造成的图像信息损失问题,SKC-UNet+DenseCRF 网络在使用 3×3 卷积时,采用 Same 填充方式,这样在经过 3×3 卷积操作后图像大小不会发生改变,图像信息也不会发生损失,并且进行通道拼接操作时无须对图像进行剪切。

　　为了进一步加快模型的收敛速度,SKC-UNet+DenseCRF 网络在 U-Net 网络编码器的卷积层中添加批量归一化。SKC-UNet+DenseCRF 网络将 U-Net 网络编码器中每一层网络的最后一个卷积层替换成 SKC 模块,该模块是在选择性卷积核(SK)模块基础上改进而来的。SKC 模块的替换使 SKC-UNet+DenseCRF 网络可以自适应地调整感受野的大小,从而更有效地获取有用的图像信息。由于 U-Net 网

络在最后输出时并未考虑语义分割图中像素之间的关系，SKC-UNet+ DenseCRF
网络在 SKC-UNet 网络最后连接全连接条件随机场，最终达到优化语义分割图像
边缘的效果。

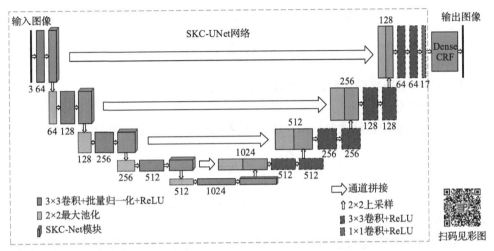

图 5.15　SKC-UNet+DenseCRF 网络结构示意图

1. SKC 模块

SKC 模块是在 Cui 等[131]提出的 SK 模块的基础上改进而来的，如图 5.16 所示。
在传统的 CNN 设计过程中，其卷积核的大小都是提前设定好的，感受野不会发
生变化。而 SK 模块使得感受野可根据输入信息的多尺度进行自适应调整大小，
从而可以减少冗余信息，提高网络提取特征的效率，加快网络的训练过程。

SK 模块主要由分离、融合、选择三部分组成。

1) 分离部分

对特征图 E 使用不同的卷积核（如 3×3、5×5、7×7 等）进行卷积，从而生成多
个不同的分支（本节使用两个分支来说明流程）。

2) 融合部分

(1) 利用逐像素相加的方式对多个分支进行融合。

(2) 使用全局平均池化来获取全局信息。

全局平均池化的计算公式如下：

$$S_c = \frac{1}{H \times W} \sum_{i=1}^{H} \sum_{j=1}^{W} U_c(i, j) \tag{5.5}$$

式中，H、W 分别为图像的高和宽；U_c 为特征图组求和后的第 c 个通道；S_c 为全
局平均池化后的第 c 个元素。

(3)通过使用全连接层得到特征 Z，计算公式如下：

$$Z = F_{fc}(S) = \delta(\beta(W_s))\qquad(5.6)$$

式中，δ 表示 ReLU 函数；β 表示标准化；F_{fc} 表示全连接。

(4)通过超参数 v 来控制特征 Z 的维数 d，控制方式如下：

$$d = \max\left(\frac{c}{v}, L\right)\qquad(5.7)$$

式中，c 为经全连接后 Z 特征的维数；L 为 d 的极小值。

3)选择部分

使用跨通道的软注意向量来自适应选择不同尺度的信息，其计算方式如下：

$$a_c = \frac{e^{A_c Z}}{e^{A_c Z} + e^{B_c Z}}, \quad b_c = \frac{e^{B_c Z}}{e^{A_c Z} + e^{B_c Z}}\qquad(5.8)$$

式中，A、B 为 $c \times d$ 的矩阵；a_c、b_c 分别为不同分支的软注意力向量；A_c、B_c 分别为矩阵 A、B 的第 c 行。

SK 模块因有全连接层的存在，网络的参数量增加。为了更加适应装配体的分割，在改进 SK 模块的基础上提出 SKC 模块，其结构如图 5.17 所示。

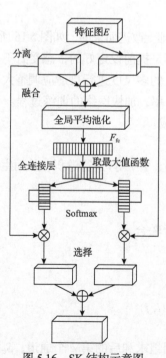

图 5.16　SK 结构示意图

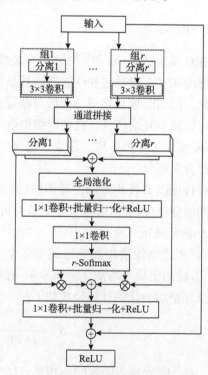

图 5.17　SKC 结构示意图

不同于 SK 模块，SKC 模块在分离操作中首先将特征图分成 r 个分支，然后在每个分支上经过 3×3 卷积并进行通道融合，最后将融合后的特征图分成 r 个分支。这种分离方式使得分支之间的组合更加多样化，从而使提取到的特征更加多样化。SKC 模块在融合阶段使用 1×1 卷积代替全连接操作。

SKC 模块在选择阶段之后，添加 1×1 卷积、批量归一化、激活函数 ReLU 操作，并使用残差连接提高网络的表现性能。

语义分割网络不同的网络层学习到的特征抽象程度也不同，网络层数越深，其学习到的特征越抽象。然而随着网络层数的增加，会出现梯度爆炸或者梯度消失的问题，阻碍网络收敛。对网络的输入数据和中间数据实行归一化可以解决网络拟合问题，但是当网络层数的深度达到一定程度时，网络将会出现退化现象，即网络的损失值不降反增。

残差结构可以很好地解决网络退化问题，使网络层数变得更深，能够提取更抽象的特征，提高网络性能。假设堆叠网络层学习的函数是 $H(x)$，x 是网络层的输入，而堆叠网络层的中间学习函数为 $F(x)$，那么中间网络层学习的函数可以转换成 $H(x)-x$，堆叠网络层最终学习的函数就变成 $F(x)+x$。这两种网络层都可以学习到所需的映射，但是后一种比较容易学习。$F(x)+x$ 直观的感受是，若学习到的是 $F(x)=0$，那么随着网络层数的增加，其网络的损失不会增加。

残差结构示意图如图 5.18 所示，要学习的函数映射是 $F(x)$。一共有两个网络层，其中 $F(x)+x$ 是利用跳跃连接实现的。跳跃连接是指跳过一层或者多层的连接方式，不仅没有增加额外的参数量，也不会增加计算的复杂性。整个网络模型依然可以使用反向传播更新参数，使得网络得到不断优化。

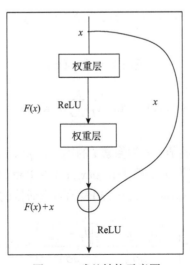

图 5.18 残差结构示意图

表 5.12 给出了 SKC-UNet 网络与 U-Net 网络所含参数量的比较情况。可以观察到，SKC-UNet 网络的参数量大约只是 U-Net 网络参数量的 60%，这表明 SKC-UNet 网络相比于 U-Net 网络更加轻量化。

表 5.12　不同网络结构的参数数量

参数	SKC-UNet 网络参数量	U-Net 网络参数量
全部参数	18898482	31031685
可训练参数	18886162	31031685
不可训练参数	12320	0

2. 全连接条件随机场

在语义分割任务中，随着网络层数的不断加深，虽然物体间的分类准确率不断提高，但是也造成了物体位置精度的降低，产生了分类物体边界模糊的问题。为了生成更精确的分割结果，为后续零部件位置方向判断奠定基础，本节通过全连接条件随机场后处理过程来解决这一问题。

全连接条件随机场的核心思想是将分割图中像素标签的分配问题表述为一个概率推理问题，修正分割图中粗糙和不确定性的标记，修正微小的错分区域，得到更细致的分割边界。

全连接条件随机场是将 SKC-UNet 网络输出的特征图中的每个像素作为节点，每个像素与其他所有像素之间的关系作为边组成的概率图模型。能量函数公式如下：

$$E(x) = \sum_i \theta_i(x_i) + \sum_{ij} \theta_{ij}(x_i, x_j) \tag{5.9}$$

$$\theta_i(x_i) = -\ln p(x_i) \tag{5.10}$$

$$\theta_{ij}(x_i, x_j) = \mu(x_i, x_j) \sum_{m=1}^{K} w_m K^m(f_i, f_j) \tag{5.11}$$

式中，x 为像素分配的标签值；x_i 为像素 i 的标签；$p(x_i)$ 为经由 SKC-UNet 网络输出的图像；像素 i 的标签为 x_i 的概率；$\mu(x_i, x_j)$ 由 Potts 模型给出，若 $x_i = x_j$，则 $\mu(x_i, x_j) = 1$，否则为 0；$w_m(m=1, 2, \cdots, K)$ 表示对高斯核的加权；K^m 为高斯核，即

$$K^m(f_i, f_j) = w_1 \exp\left(-\frac{\|p_i - p_j\|^2}{2\sigma_\alpha^2} - \frac{\|I_i - I_j\|^2}{2\sigma_\beta^2}\right) + w_2 \exp\left(-\frac{\|p_i - p_j\|^2}{2\sigma_\gamma^2}\right) \tag{5.12}$$

式中，p_i、p_j 分别为像素 i、j 的位置；I_i、I_j 分别为像素 i、j 的颜色强度；超参数 σ_β 和 σ_γ 用来控制高斯核的规格。

由上述公式可知，通过最小化能量函数 $E(x)$ 可以生成对给定图像最可能的标签分配。全连接条件随机场鼓励相似像素分配相同的标签，而相差较大的像素分配不同标签，从而改善分割性能。

5.3.3　其他语义分割网络

1. 深度残差 U-Net

深度残差 U-Net 网络是由残差模块和 U-Net 网络组成的，其结构如图 5.19 所示。

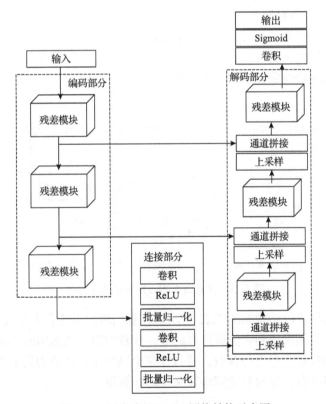

图 5.19　深度残差 U-Net 网络结构示意图

深度残差 U-Net 网络为七层结构，每一层都由残差模块构成的编码部分、连接部分、解码部分组成。残差模块的结构如图 5.20 所示。编码部分进行图像特征的提取，连接部分用来将编码部分和解码部分连接起来，解码部分则利用上采样的方式进行图像大小的恢复。该网络具有残差结构易训练的特点，以及 U-Net 网络结构学习能力强的特点。

图 5.20　残差模块结构示意图

2. 注意力 U-Net

注意力 U-Net 网络是在 U-Net 网络基础上引入注意力门模块。注意力门模块可以使网络在学习过程中抑制输入图像中不相关的区域，同时突出有用的显著特征，提高了网络分割能力。

注意力 U-Net 网络结构如图 5.21 所示。不同于 U-Net 网络，注意力 U-Net 网络在对特征图进行通道拼接操作时，首先将解码网络的特征图与相对应编码网络中的特征图共同输入到注意力门模块中，然后将从注意力门模块输出的结果与上采样后的解码网络特征图进行通道拼接。

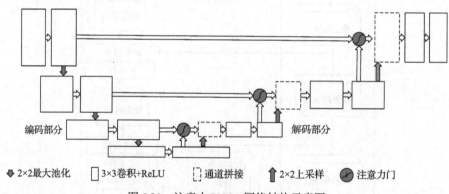

图 5.21　注意力 U-Net 网络结构示意图

注意力门模块的结构如图 5.22 所示，注意门输出由注意力系数 $\alpha \in [0,1]$ 与输入特征图逐元素相乘得到。值得注意的是，注意力门模块选用的 Sigmoid 激活函数可以更好地收敛注意力门参数，并且在整个网络中，注意力门的引入并没有带来额外的网络参数，也没有给网络带来新的计算量。

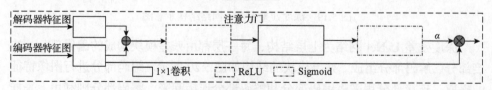

图 5.22　注意力门模块结构示意图

3. MultiResU-Net

MultiResU-Net 网络是一种基于多分辨率分析的 U-Net 网络, 其使用 MultiRes 模块来替代原 U-Net 网络中两个卷积层的序列, 并使用 Respath 连接来替代原有的连接, 其具体结构如图 5.23 所示。

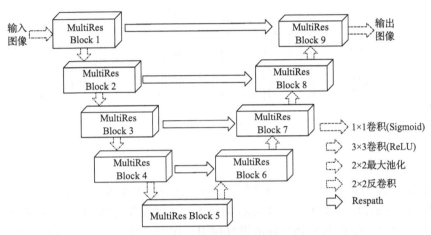

图 5.23　MultiResU-Net 网络结构示意图

用多分辨分析来扩展 U-Net 的最简单方法是将 3×3、5×5、7×7 的卷积运算并行地合并代替 U-Net 中的卷积运算。这种方式提升了网络的分割性能, 但也增加了网络模型参数量。为了解决此问题, MultiResU-Net 使用了 MultiRes 模块。MultiRes 模块使用系列的 3×3 卷积核来替代 5×5、7×7 的卷积核(两个 3×3 大小卷积的感受野相当于一个 5×5 大小卷积的感受野, 同样三个 3×3 大小卷积的感受野相当于一个 7×7 大小卷积的感受野)。从三种不同卷积核大小的卷积块中获取输出, 再将它们连接在一起, 提取不同尺度空间的特征。最后使用 1×1 卷积引入残差连接, 提高网络性能。为了降低内存需求, 采用逐步增加过滤器数量的方式。MultiRes 模块具体结构如图 5.24 所示。

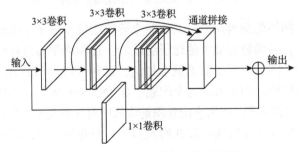

图 5.24　MultiRes 模块结构示意图

　　为了恢复在编码过程中丢失的空间信息，U-Net 网络使用了跳跃连接的方式，但来自编码器的特征比来自解码器的特征所经历的处理过程要少，可能会影响网络的分割性能。为解决此问题，我们建立了一种新的连接结构来增加编码器特征的处理过程。采用残差连接代替常规卷积，使网络学习更加容易。这种连接方式定义为"Respath"，具体结构如图 5.25 所示。

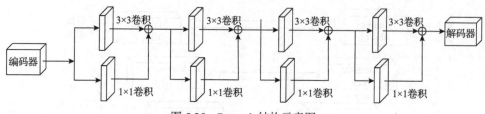

图 5.25　Respath 结构示意图

4. BCDU-Net

　　BCDU-Net 网络结合了 U-Net 网络、双向 ConvLSTM 网络和密集卷积的优势，采用双向 ConvLSTM 网络代替 U-Net 网络中简单的跳跃连接，使输出结果更加精确；为了加强特征的传播和特征的重复使用，在编码网络最后一个阶段的最后一个卷积层中使用密集连接卷积；引入批量归一化加快模型的收敛。BCDU-Net 网络结构示意图如图 5.26 所示。

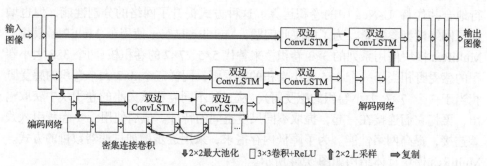

图 5.26　BCDU-Net 网络结构示意图

　　BCDU-Net 网络的编码网络一共由四个阶段组成，每个阶段都是由两个 3×3 卷积核、ReLU 激活函数和最大池化层组成的。在网络学习过程中，每经过编码网络的一个阶段，图像的通道数量就会加倍，这种连续卷积的方式可能会导致网络学习到冗余的特征。为了解决这个问题，BCDU-Net 网络在编码网络的最后一个阶段使用密集连接卷积。密集连接卷积是将从所有先前卷积层学习到的特征图与当前层学习到的特征图连接在一起并输入到下一个卷积层中，其示意图如图 5.27 所示。

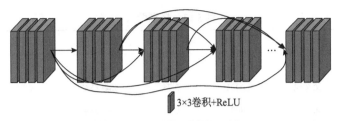

3×3卷积+ReLU

图 5.27　密集连接卷积示意图

BCDU-Net 网络的解码网络一共由三个阶段组成，每个阶段包含上采样操作、两个双边 ConvLSTM、三个 3×3 卷积核大小和 ReLU 激活函数的卷积层。在一个阶段中，BCDU-Net 网络的解码网使用双向 ConvLSTM 来处理经上采样、批量归一化后的特征图以及编码网络中相对应的特征图。传统的 LSTM 网络采用全连接方式，所以没有考虑空间的相关性。而 ConvLSTM 网络采用卷积方式代替全连接运算，考虑了其空间相关性的问题。双向 ConvLSTM 网络使用两个 ConvLSTM 网络将输入数据处理为前向路径和后向路径两个方向，通过处理两个方向上的数据依存关系来确定当前输入，将输出结果连续经过三个卷积层，完成对特征图的分割。

5.3.4　实验相关设置

1. 评价指标

为了评估 SKC-UNet+DenseCRF 网络的性能，本节将像素分类准确率(PA)、均交并比(MIoU)、分割每张深度图像所用的时间作为模型的评估标准。MIoU 是计算两个集合的交并比，在语义分割问题中，这两个集合为真实值和预测值集合，其公式如下：

$$\text{MIoU} = \frac{1}{k}\sum_{i=0}^{k}\frac{\text{TP}_i}{\text{FN}_i+\text{FP}_i+\text{TP}_i} \tag{5.13}$$

式中，TP_i 表示预测值为 i 类、真实值为 i 类的像素数量；FP_i 表示预测值为 i 类、真实值为非 i 类的像素数量；FN_i 表示预测值非 i 类、真实值为 i 类的像素数量；k 为预测的类别数。

2. 模型配置

经过多次实验对比调试，将三个深度图像数据集的训练相关参数汇总，如表 5.13 所示。

三个数据集中，均使用 Adam 作为网络模型训练的优化器，交叉熵作为损失函数。深度图像大小设置为 384×384 像素，网络模型训练的批次大小设置为 4，

表 5.13　模型配置

数据集	损失函数	学习率	随机失活率	图像大小/像素	批次大小	训练最佳次数
数据集 1	交叉熵	0.0001	0.75	384×384	4	6000
数据集 2	交叉熵	0.0001	0.75	384×384	4	3500
数据集 3	交叉熵	0.0001	0.75	384×384	4	6000

学习率定义为 0.0001。为了防止模型过拟合，将模型的随机失活率定义为 0.75。通过实验证明，三类机械装配体的训练最佳次数是不同的，数据集 1、数据集 3训练次数设置为 6000 时网络模型拟合效果最佳，数据集 2 训练次数设置为 3500时网络模型的拟合效果最佳。

装配体数据集深度图像中背景像素占比较大，而分割背景在实际场景应用中不仅没有意义，而且会造成训练偏差，导致分割不准确。因此，本节只对前景进行分割，在计算评估指标时也只是考虑前景，这样有助于模型的拟合和增加实验数据的权威性。在 5.2.2 节所建立的数据集 1、数据集 2、数据集 3 上分别评估SKC-UNet+DenseCRF 网络，并将现有的 U-Net 相关轻量型的语义分割网络分别应用到这三类数据集上，与本节方法进行比较。在对比实验中，其他 U-Net 相关轻量型的语义分割网络使用与 SKC-UNet 网络相同的配置。

5.3.5　实验及结果分析

本节实验平台与 5.2 节相同。首先在 5.2.2 节建立的三类装配体深度图像数据集上分别与其他 U-Net 系列语义分割网络进行对比实验，然后综合分析三个装配体深度图像数据集的实验结果，最后通过语义分割结果观察本节所提方法的有效性。

1. 数据集 1 结果与分析

在数据集 1 上进行对比实验，表 5.14 给出了使用数据集 1 时 SKC-UNet 网络

表 5.14　不同网络在数据集 1 测试集上的性能比较

网络	Test acc/%	Test MIoU/%	Test time/s
U-Net	78.88	18.80	0.1433
深度残差 U-Net	82.45	24.83	0.1457
注意力 U-Net	81.39	22.49	0.1363
MultiResU-Net	90.54	31.54	0.1562
BCDU-Net	85.64	28.21	0.2343
FCN	84.88	27.83	0.2288
FCN-2S	84.54	31.06	0.2409
SKC-UNet	89.18	29.55	0.1644

和其他 U-Net 系列语义分割网络的实验情况。表中，Test acc 表示测试集平均像素准确率，Test MIoU 表示测试集平均交并比，Test time 表示测试每张图像所需的平均时间。可以看出 SKC-UNet 网络的 Test acc 达到 89.18%，Test MIoU 达到 29.55%，Test time 为 0.1644s。相较于其他分割网络，只有 MultiResU-Net 网络的性能稍优于 SKC-UNet 网络。

如表 5.15 所示，SKC-UNet 网络在加上全连接条件随机场后处理之后，Test MIoU 性能指标提高了 9.45 个百分点，达到 39%。这表明在数据集 1 分割时，全连接条件随机场后处理提高了网络的分割性能。

表 5.15　全连接条件随机场对数据集 1 测试集性能（Test MIoU）的影响　　（单位：%）

网络	Test MIoU
SKC-UNet	29.55
MultiResU-Net	31.54
SKC-UNet + DenseCRF	39

可以看出，SKC-UNet+DenseCRF 网络相较于 MultiResU-Net 网络在 Test MIoU 评估指标上高出了 7.46 个百分点，表明其分割性能相比于其他网络具有明显优势。

2. 数据集 2 结果与分析

在数据集 2 上进行对比实验，表 5.16 给出了使用数据集 2 时 SKC-UNet 网络和其他 U-Net 系列语义分割网络的实验情况。可以看出，相较于其他方法，SKC-UNet 网络的评估指标 Test acc、Test MIoU 均达到了最优，其中 Test acc 高达 97.14%，Test MIoU 高达 72.92%。实验结果表明，在数据集 2 上分割时，SKC-UNet 网络相较于其他 U-Net 系列语义分割网络性能达到最佳。

表 5.16　不同网络在数据集 2 测试集上的性能比较

网络	Test acc/%	Test MIoU/%	Test time/s
U-Net	81.34	42.53	0.1414
深度残差 U-Net	95.11	66.66	0.1381
注意力 U-Net	95.76	71.44	0.1449
MultiResU-Net	95.52	55.06	0.1597
BCDU-Net	96.18	65.83	0.2394
FCN	95.09	66.7	0.2384
FCN-2S	94.08	46.56	0.2305
SKC-UNet	97.14	72.92	0.155

如表 5.17 所示，在评估指标 Test MIoU 上，SKC-UNet+DenseCRF 网络比 SKC-UNet 网络提高了 9.61 个百分点，达到 82.53%。实验结果表明，由 SKC-UNet 网络输出的图像在经过 DenseCRF 模块处理后，SKC-UNet+DenseCRF 的分割性能得到进一步提升。

表 5.17　全连接条件随机场对数据集 2 测试集性能（Test MIoU）的影响

网络	Test MIoU/%
SKC-UNet	72.92
SKC-UNet+DenseCRF	82.53

3. 数据集 3 结果与分析

在数据集 3 上进行对比实验，表 5.18 给出了使用数据集 3 时 SKC-UNet 网络和其他 U-Net 系列语义分割网络的实验情况。可以看出，相较于其他 U-Net 系列语义分割网络，SKC-UNet 网络在评估指标 Test acc 上达到了最优值 98.96%；在评估指标 Test MIoU 上，SKC-UNet 网络要稍低于深度残差 U-Net 网络，其中深度残差 U-Net 网络达到 84.98%，而 SKC-UNet 网络达到 82.89%，比深度残差 U-Net 网络低 2.09 个百分点。

表 5.18　不同网络在数据集 3 测试集上的性能比较

网络	Test acc/%	Test MIoU/%	Test time/s
U-Net	97.18	71.94	0.1366
深度残差 U-Net	98.87	84.98	0.1446
注意力 U-Net	94.83	75.66	0.1439
MultiResU-Net	97.42	69.53	0.1616
BCDU-Net	97.73	67.52	0.2379
FCN	97.49	82.58	0.2309
FCN-2S	98.83	78.29	0.2344
SKC-UNet	98.96	82.89	0.1541

如表 5.19 所示，在评估指标 Test MIoU 上，SKC-UNet+DenseCRF 网络比 SKC-UNet 网络提高了 7.4 个百分点，比深度残差 U-Net 网络高出了 5.31 个百分点，达到 90.29%。上述结果表明，在数据集 3 分割时，本节提出的网络通过连接全连接条件随机场后处理，其分割性能不仅得到显著的提高，而且相比于其他 U-Net 系列语义分割网络，其分割性能达到最佳。

表 5.19　全连接条件随机场对数据集 3 测试集性能（Test MIoU）的影响

网络	Test MIoU/%
SKC-UNet	82.89
深度残差 U-Net	84.98
SKC-UNet+DenseCRF	90.29

4. 三类数据集实验结果与分析总结

从表 5.16 中可以观察到，在三类机械装配体深度图像数据集分割时，相较于其他语义分割网络，SKC-UNet 在数据集 2 上没有经过全连接条件随机场后处理就已经在 Test acc、Test MIoU 这两项评估指标上都达到了最优。从表 5.18 中可以看出，相比于其他语义分割网络，SKC-UNet 在数据集 3 中未经过全连接条件随机场后处理时 Test acc 评估指标达到最优。从表 5.19 中可以看出，SKC-UNet 在数据集 3 中经过全连接条件随机场后处理，评估指标 Test MIoU 相较于其他语义分割网络也达到最优。

根据以上分析可以得出，SKC-UNet+DenseCRF 网络更适应于数据集 2，其次是数据集 3，最后是数据集 1。

从表 5.20 可以看出，在三类机械装配体数据集中，SKC-UNet 网络在加上全连接条件随机场后处理后，评估指标 Test MIoU 得到提高。

表 5.20　全连接条件随机场对各个数据集性能（Test MIoU）的影响

数据集	Test MIoU(SKC-UNet)/%	Test MIoU(SKC-UNet+DenseCRF)/%	提高百分点
数据集 1	29.55	39	9.45
数据集 2	72.92	82.53	9.61
数据集 3	82.89	90.29	7.4

可见在面对三类装配体数据集分割时，全连接条件随机场后处理都提升了 SKC-UNet 网络的分割性能。从表 5.20 还可以看出，评估指标 Test MIoU 在数据集 1 上提高了 9.45 个百分点，在数据集 2 上提高了 9.61 个百分点，在数据集 3 提高了 7.4 个百分点。评估指标 Test MIoU 在数据集 2 上提高幅度最大，从另一个方面证明了 SKC-UNet+DenseCRF 网络在数据集 2 上表现最优。

在三类装配体深度图像分割中，SKC-UNet+DenseCRF 网络和其他语义分割网络在分割每张图像时运行时间在 0.1s 左右，都能满足监测实时性的要求。

综上所述，相较于其他语义分割网络，SKC-UNet+DenseCRF 网络更适合机械产品装配体深度图像。

5. SKC-UNet 与 U-Net 实验结果及分析

从表 5.21 中可以看出，SKC-UNet 网络在三类机械装配体深度图像数据集上，无论是评估指标 Test acc，还是评估指标 Test MioU，都要优于 U-Net 网络。其中，Test acc 在数据集 1 上提高了 10.3 个百分点，Test MIoU 在数据集 1 上提高了 10.75 个百分点；Test acc 在数据集 2 上提高了 15.8 个百分点，Test MIoU 在数据集 2 上提高了 30.39 个百分点；Test acc 在数据集 3 上提高了 1.78 个百分点，Test MIoU 在数据集 3 上提高了 10.95 个百分点。

表 5.21　SKC-UNet 与 U-Net 在三类数据集上的性能比较

数据集	网络	Test acc/%	Test MIoU/%	Test time/s
数据集 1	U-Net	78.88	18.80	0.1433
	SKC-UNet	89.18	29.55	0.1644
数据集 2	U-Net	81.34	42.53	0.1414
	SKC-UNet	97.14	72.92	0.155
数据集 3	U-Net	97.18	71.94	0.1366
	SKC-UNet	98.96	82.89	0.1541

图 5.28 为在机械装配体数据集 1、数据集 2、数据集 3 上，SKC-UNet 和 U-Net 网络在模型训练时的损失图。从图中可以看出，在三类机械装配体深度图像数据集上，SKC-UNet 的损失值曲线比 U-Net 下降得更低。这表明相较于 U-Net，SKC-UNet 在这三类机械装配体数据集上训练效果更好，分割性能更好。

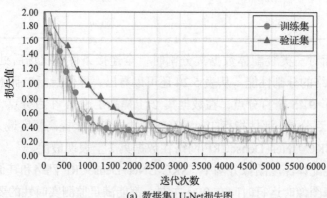

(a) 数据集1 U-Net损失图

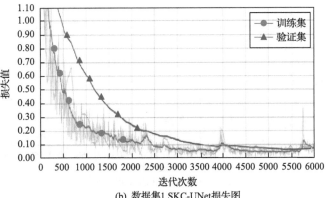

(b) 数据集1 SKC-UNet损失图

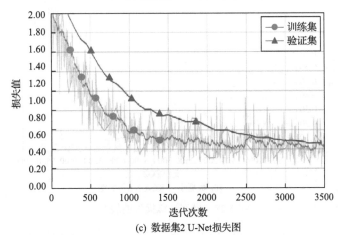

(c) 数据集2 U-Net损失图

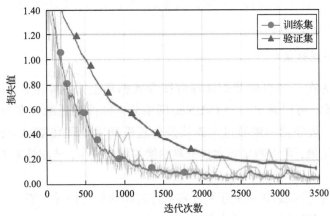

(d) 数据集2 SKC-UNet损失图

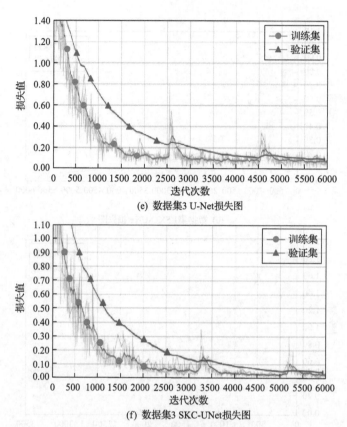

(e) 数据集3 U-Net损失图

(f) 数据集3 SKC-UNet损失图

图 5.28　模型训练损失曲线图

综上所述，在三类机械装配体数据集上，SKC-UNet 网络相较于 U-Net 网络具有更加良好的分割性能。

6. 语义分割结果

图 5.29 为在三类机械装配体深度图像数据集上采用本节所提网络预测的语义分割结果。可以看出，SKC-UNet 网络分割图像的边缘存在噪点和分割不精确等问题。从分割图像经过全连接条件随机场后处理（SKC-UNet+DenseCRF 网络）的分割结果，可以明显观察到分割图像的噪点减少，装配体零件的分割边缘更加精确。

精确的零件分割边缘有助于判断零部件之间的相对位置和姿态，这对装配位置和姿态的监测具有非常重要意义。

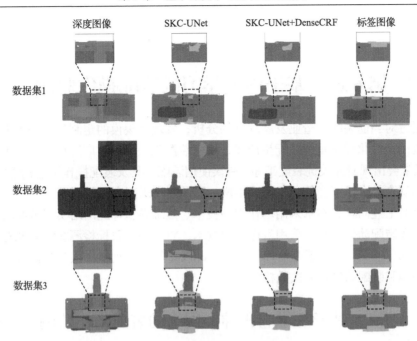

图 5.29　在三类数据集上的分割结果

第 6 章　基于深度学习的装配操作监测

通过对当前装配制造业发展现状的分析，发现大规模的定制生产经常需要根据多变的个性化需求重组装配生产线，由于装配工人难以适应这种多变的生产环境，经常会出现遗漏关键装配工序、错误使用装配工具及装配操作不达标等问题，从而出现产品合格率降低、生产成本增加以及生产周期变长的现象。

针对上述问题，本章采用动作识别技术、三维卷积神经网络实现装配动作类型识别和装配动作监测，采用目标检测技术、YOLOv3 目标检测算法实现对图像的装配动作监测，采用姿态估计技术、OpenPose 算法实现操作人员骨骼节点运动变化检测和装配动作重复次数检测。

6.1　基于三维卷积神经网络的装配动作监测

当前利用深度学习技术对装配动作进行监测的研究较少，且到目前为止还没有可用于装配动作识别研究的数据集；另外，工业中的装配动作识别更加追求效率，一些基于传统机器学习算法的方法由于数据预处理麻烦且识别效率低，不适合工业领域的应用。因此，在装配作业复杂的生产环境中，建立合适的深度学习模型并实现快速、准确的装配动作监测，提高装配过程监测效率以及装配产品质量，是本章研究的重点。

6.1.1　装配动作监测流程及数据集的建立

装配动作识别是装配动作监测的前提。装配动作识别任务与图像分类任务相似，都是通过训练神经网络模型，使其具有对新样本分类的能力。神经网络的训练首先需要相应的数据集，其次是搭建网络模型，并通过训练结果不断分析和调整网络结构，从而得到预期的神经网络模型。整体监测流程如图 6.1 所示。

1. 装配动作数据集构建

装配动作数据集的具体构建过程如下。

(1) 录制包含锉、喷、刷、锤等九类常见装配动作的 RGB 视频，每类动作都由 12 位实验人员完成。为了保证数据集的广泛化特性，每类装配动作都有 2～3 种对应的工具供实验人员自行选择，实验工具如图 6.2 所示。在录制视频时，只需告诉实验人员需要做哪些装配动作，具体每个动作怎么做，由实验人员按照自己的理解来决定。

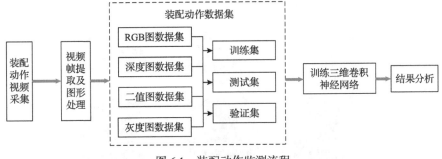

图 6.1 装配动作监测流程

图 6.2 实验工具

(2)为了扩充数据集,将每个视频样本裁剪成三段短视频,每段短视频时间为3～5s,视频帧率为 25 帧/s。经剪辑后,共建立包括 307 段视频样本的装配动作数据集。剪辑后的视频样本按照动作分类存放在 9 个文件夹中,形成装配动作分类标签。每一个动作类别文件夹中都包含 12 位实验人员的 36 段左右的视频数据样本。

(3)针对每一个视频样本每秒提取出 10 帧图像保存在一个子目录下,并删除原视频数据。最终,每个动作分类文件夹下包含 36 个左右的子文件夹,子文件夹中为提取的视频帧。训练时将从每个子文件夹下抽取 16 帧图像作为一个样本。以文件夹为单位,从整个数据集中随机抽取四分之三作为训练集,再将训练集中的五分之一作为验证集,整个数据集剩余的四分之一作为测试集。图 6.3 为从部分视频样本提取的视频帧。对于深度视频数据,也采用相同的方式构建数据集。

(4)将数据集中的 RGB 图分别转换为灰度图和二值图,得到由 RGB 图视频序列、深度图视频序列、二值图视频序列、灰度图视频序列形成的四种模式数据集。

图 6.4 为同一装配动作的四种数据模式表示。

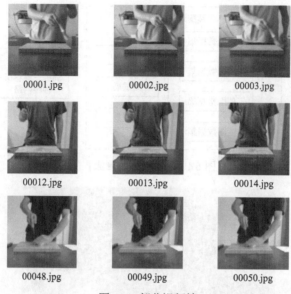

图 6.3　部分视频帧

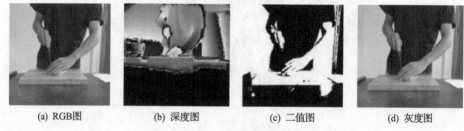

(a) RGB图　　　　　(b) 深度图　　　　　(c) 二值图　　　　　(d) 灰度图

图 6.4　四种数据模式

　　RGB 图为常见的三通道彩色图像，由红、绿、蓝三种色彩组成。因此，每张图像都包含三个通道的信息，每个通道中像素点的取值为 0～255，数字表示该通道像素强度。RGB 图内容丰富，但参数较多。

　　深度图是用 Kinect 深度传感器获取的带有深度信息的图像，每个像素点都包含目标距离传感器远近的信息。深度图像不受光照影响，但噪声严重，在一定程度上会丢失工具信息。

　　二值图是常见的单通道黑白图像，它是对 RGB 图进行一定的处理得到的，每一个像素点只有 0 或 1。二值图同样会造成图像信息不同程度的丢失，仅凭单帧图像难以分辨实验人员在做什么动作。

　　灰度图是单通道图像，不再包含颜色信息，每个像素点的取值也为 0～255。灰度图在保证图像信息完整性的情况下可以减少数据量。

2. 网络模型的建立

本节中网络模型的建立可分为两步，第一步是建立基础网络结构，第二步是在基础结构上进行改进，引入批量归一化层(batch normalization layer)，具体步骤如图 6.5 所示。

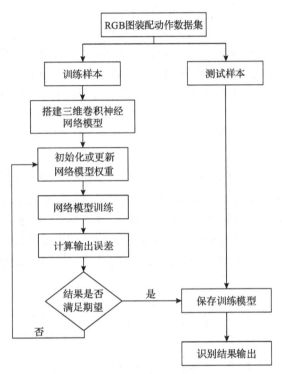

图 6.5　网络模型建立流程

(1)对三维卷积神经网络进行训练，以 RGB 图装配动作数据集为基础，对初步建立的三维卷积神经网络进行训练，通过调整学习率等各种超参数，不断优化网络模型。若所建立模型的准确率不能满足期望，则继续优化模型；反之，可初步确定网络结构。

(2)对建立的三维卷积神经网络模型进行改进，引入批量归一化层；将改进模型在 RGB 图装配动作数据集上进行训练与优化,确立改进的三维卷积神经网络的具体结构；对比 RGB 图、深度图、二值图、灰度图四种模式数据集对改进模型训练结果的影响，确定最优数据模式及网络模型搭配。

6.1.2　三维卷积神经网络模型结构

与图像分类任务不同，由于人类动作通常是连贯的、具有时序上下文联系的，且人类动作自由度较高，所以很难通过单张图像识别人类装配动作。因此，针对装配动作识别任务，须要求构建的网络模型不仅能学习到空间信息，还要能学习到时域信息。

1. 三维卷积神经网络

一些常见的深度学习模型，如双流 CNN 模型、基于三维卷积神经网络的 C3D 模型和基于 RNN 的 LRCN 模型，在公开数据集 UCF-101 上的识别准确率相差不大，但在速度上 C3D 模型最快，达到了 313 帧/s，而双流 CNN 模型为 1.2 帧/s。原因是 C3D 模型的数据预处理和网络结构较为简单，而双流 CNN 模型由于需要提取光流特征，所以速度不佳；LRCN 模型由于具有 RNN 模型难以并行运算的特性，其速度也比较慢。通过分析，基于三维卷积神经网络的动作识别模型相较于其他网络模型数据处理更加简单，且在实时性上表现优良，更符合工业现场应用。

三维卷积神经网络的基本原理与普通的二维卷积神经网络相似，只是输入样本不再是单张图像，而是由连续的多张视频帧组成的，相应的卷积核也变成三维的。正是由于多帧样本的输入，三维卷积神经网络可以学习到时域特征。与二维卷积神经网络类似，三维卷积神经网络由输入层、三维卷积层、三维池化层、前向全连接层、后向全连接层、Softmax 输出层组成。三维卷积神经网络结构示意图如图 6.6 所示。

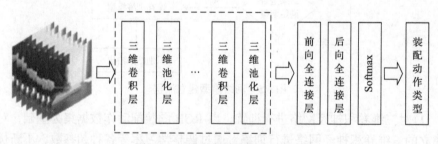

图 6.6　三维卷积神经网络示意图

三维卷积层：利用三维卷积核对该层的输入进行扫描，并对扫描到的区域进行卷积操作，卷积得到的输出加上偏置值后，经 ReLU 激活函数进行激活。假设输入三维卷积层的数据大小为 $a_1 \times a_2 \times a_3$，通道数为 c，三维卷积核大小为 $f \times f \times f$，即卷积核维度为 $f \times f \times f \times c$。若三维卷积核个数为 n，则经过卷积操作后得到输出 N 为

$$N = (a_1 - f + 1) \times (a_2 - f + 1) \times (a_3 - f + 1) \times n \tag{6.1}$$

三维池化层：通常也称为下采样层，通过下采样操作可以在保留局部特征的情

况下，有效地减少特征数量、降低计算量。常见的两种池化方式为最大池化和均值
池化，其中最大池化操作是取三维卷积层局部最大值；均值池化操作是取三维卷积
层局部平均值，随后得到更加抽象的输出。最大值可以较好地保留局部特征且操作
简单，在一定程度上减少了算法的时间复杂度，因此本节选取最大池化操作。

前向全连接层和后向全连接层：将卷积层提取的高级抽象特征进行组合并输
出。为了防止过拟合，本节在全连接层进行了 Dropout 处理，随机隐藏一部分节
点，提高了模型稀疏性。

输出层：利用 Softmax 函数进行输出分类，Softmax 函数主要用于处理多分类
问题，可将输出映射成 0～1 的值，用来表示每个类别的概率值，所有概率相加和
为 1。

2. 基础网络结构的确定

对于不同的识别任务、不同的数据量，只有建立合适的网络模型才能取得良
好的识别效果。另外，对于同一个模型，不同的网络深度、不同的层级结构都会
对训练速度及准确率造成影响。本节控制三维卷积神经网络的各超参数相同，对
比了含有不同卷积层数的网络结构在 RGB 图数据集上的训练准确率和测试准确
率，对比结果如图 6.7 所示。

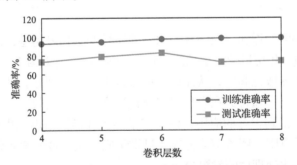

图 6.7　不同卷积层数网络结构的准确率对比结果

实验结果表明，在其他条件相同的情况下，当卷积层数为 4 和 5 时，测试准
确率与训练准确率相差较多，这表示出现了欠拟合现象；当卷积层数为 7 和 8 时，
测试准确率相较于训练集偏差更大，表示出现了过拟合现象；当卷积层数为 6 时，
网络模型在训练集、测试集上的准确率相近，取得了较好的效果。由于后期要对
模型进行改进，这里未对输入数据做任何预处理，此时测试准确率为 82.85%。

由此，三维卷积神经网络的基础网络结构得以确定，具体网络模型参数如表
6.1 所示。网络模型输入的每个样本都为 16 帧序列图像，每张图像都被裁剪成
112×112 像素固定尺寸的 RGB 图像，所有的卷积层均采用尺寸为[3, 3, 3]的三维卷
积核进行卷积操作。为了更好地保留图像信息，所有卷积核的步长均为[1, 1, 1]。

从第一卷积层到第六卷积层分别有 32、64、128、128、256、512 个卷积核和相应数量的特征图。

表 6.1　三维卷积神经网络模型参数　　　　（单位：像素）

层名称	尺寸	层数	尺寸
3D Conv1	16×112×112×32	3D Pool3	4×14×14×128
3D Pool1	16×56×56×32	3D Conv4	4×14×14×256
3D Conv2	16×56×56×64	3D Pool4	2×7×7×256
3D Pool2	8×28×28×64	3D Conv5	2×7×7×512
3D Conv3a	8×28×28×128	3D Pool5	1×4×4×512
3D Conv3b	8×28×28×128		

6.1.3　基于批量归一化的改进三维卷积神经网络

为了在保持所建立模型识别准确率基本不变的同时，减少训练数据参数的数量、加快模型的收敛速度和训练速度，本节提出一种基于批量归一化的改进三维卷积神经网络模型，另外还考虑了深度图、二值图和灰度图对训练速度和准确率的影响。

1. 批量归一化

随着网络深度的增加，网络权值的可训练性变得越来越差，即出现梯度消失问题。而批量归一化可以使权值始终保持在均值为 0、方差为 1，这样会避免权值数据偏移，远离导数饱和区，从而令权值参数更容易被训练。批量归一化作为神经网络模型的一层，通常夹在卷积层与池化层之间。批量归一化目前已经在很多神经网络模型中得到很好的应用，但在三维卷积神经网络里应用还很少。图 6.8 为批量归一化示意图，图 6.8(a) 为未经过批量归一化处理的参数分布，图 6.8(b) 为经过批量归一化处理后的参数分布。

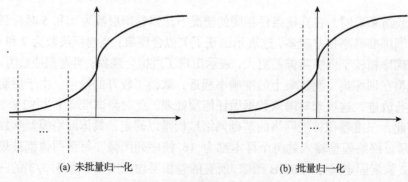

(a) 未批量归一化　　　　　　　　　(b) 批量归一化

图 6.8　批量归一化示意图

在神经网络的训练过程中，常常需要调节很多超参数，如学习率、权值衰减系数、Dropout 率、正则化参数等，任何一个超参数的变化都会影响训练结果，而使用批量归一化可以降低这些超参数对结果的影响。批量归一化的优点可总结如下。

(1)使用批量归一化后，适当调高学习率可以在一定程度上使训练速度加快。

(2)使用批量归一化后，神经网络模型对 Dropout 率、正则化参数的依赖程度降低。

(3)使用批量归一化后，可以将输入数据彻底打乱，保证模型的泛化程度。

批量归一化的数学公式表示如下：

$$\hat{X} = \frac{x^{(k)} - E[x^{(k)}]}{\sqrt{\mathrm{Var}[x^{(k)}]}} \tag{6.2}$$

式中，$x^{(k)}$ 为神经元参数；$E[x^{(k)}]$ 表示均值；$\mathrm{Var}[x^{(k)}]$ 表示方差。

对批量归一化参数进行变换重构，公式如下：

$$y^{(k)} = \gamma^{(k)} \hat{X}^{(k)} + \beta^{(k)} \tag{6.3}$$

式中，$\gamma^{(k)}$ 和 $\beta^{(k)}$ 为可学习的变换重构参数。使用变换重构方法不会破坏卷积层所学到的特征分布。

2. 改进的三维卷积神经网络模型

一般的三维卷积神经网络模型都由输入层、三维卷积层、池化层、全连接层、输出层组成，且输入多为原始 RGB 视频帧或光流特征等，由于样本参数量大，往往训练时间很长且训练结果不稳定。因此，本节基于三维卷积神经网络与批量归一化，在三维卷积层和激活函数之间增加批量归一化层，提出改进的三维卷积神经网络模型。首先将连续视频帧传入三维卷积层；然后将卷积层得到的未经激活的特征传入批量归一化层，并由 ReLU 函数激活；最后由三维池化层接收激活后的特征，通过池化层和全连接层后传给输出层，由 Softmax 函数进行分类。

输入层：为了测试最适合本模型的数据集模式，基于 RGB 图、灰度图、深度图、二值图四种不同模式的数据集进行测试。所有数据集的样本容量相同，且都以每个动作分类下子文件夹中的 16 帧序列图像叠加成的整体作为一个样本，即输入为 16×112×112×3 像素或 16×112×112×1 像素。其中，3 和 1 为通道数。

三维卷积层：将视频序列图像叠加在一起形成三维数据作为卷积层输入，利用三维卷积核对输入的视频序列进行卷积操作。

批量归一化层：也作为神经网络的一层，在网络的每一层输入时插入一个归一化层，相当于对每一个卷积层得到的特征进行预处理，再传入网络的下一层，使数据维持在 0 和 1 之间。

三维池化层：为了减少特征数量，降低计算量，同时保留局部特征，本模型采取最大池化操作，在第 1、2、4 批量归一化层后和第 3、5 卷积层后均进行了池化操作。

全连接层：一般作为隐藏层和输出层之间的桥梁，将卷积层、池化层得到的特征值展平，组合高级抽象特征，从而传给输出层。

输出层：将预测结果传递给 Softmax 函数进行分类。

6.1.4　实验及结果分析

为了考虑深度图、二值图和灰度图对本节建立的三维卷积神经网络的训练速度和准确率的影响，本节通过实验对比原始三维卷积神经网络模型和改进三维卷积神经网络模型在四种模式数据集上的表现，并对训练结果从稳定性、收敛速度、准确率、训练时间四个方面进行分析。

1. 稳定性、收敛速度对比

实验利用 TensorFlow 中自带的 Tensorboard 可视化工具，选取准确率与损失值两个指标，对原始三维卷积神经网络模型和改进三维卷积神经网络模型在图 4.6 所示四种模式数据集上的训练过程进行可视化，结果如图 6.9～图 6.12 所示。图中，用 "有 BN" 表示有批量归一化层的模型的训练结果，无 BN 表示无批量归一化层的模型的训练结果。图 6.9(a)、图 6.10(a)、图 6.11(a)、图 6.12(a) 为训练准确率对比曲线；图 6.9(b)、图 6.10(b)、图 6.11(b)、图 6.12(b) 为损失值对比曲线。

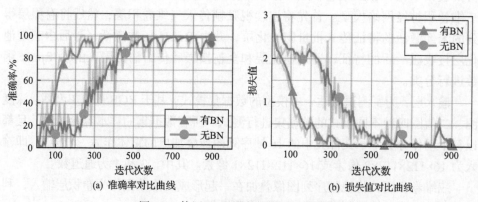

(a) 准确率对比曲线　　　　　　　　　　(b) 损失值对比曲线

图 6.9　使用 RGB 图数据集的对比曲线

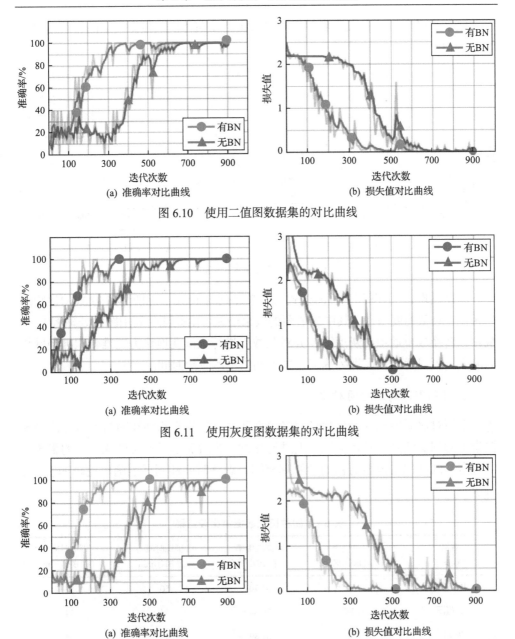

图 6.10　使用二值图数据集的对比曲线

图 6.11　使用灰度图数据集的对比曲线

图 6.12　使用深度图数据集的对比曲线

　　比较以上实验结果发现，无论是 RGB 图视频序列、二值图视频序列、灰度图视频序列还是深度图视频序列，引入批量归一化层的三维卷积神经网络模型在训练时的收敛速度大大提高，并且当准确率曲线趋于收敛时，本节提出的改进三维卷积神经网络模型准确率曲线抖动性较小，稳定性好。

接下来横向对比引入批量归一化层的模型在四种模式数据集上的训练结果，如图 6.13 所示。

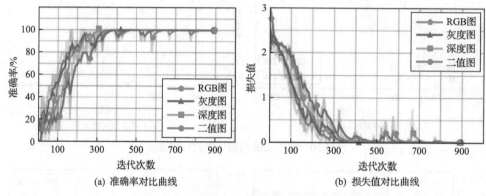

(a) 准确率对比曲线　　　　　　　(b) 损失值对比曲线

图 6.13　四种模式数据集训练曲线对比

可以发现，二值图和深度图模式的视频序列与 RGB 图和灰度图模式的视频序列相比，收敛速度略慢，其中二值图的效果最差。由此证明利用图像处理将 RGB 视频帧转换成单通道的灰度图，并对其数组进行维度变换作为三维卷积神经网络的输入，可以适当提高训练速度、减少网络模型收敛时间。

2. 准确率、训练时间对比

下面对比原始三维卷积神经网络模型和改进三维卷积神经网络模型在四种数据集上的训练结果，并在测试集上进行测试。为避免学习率对训练速度的影响，实验定义两种网络模型的初始学习率相同。训练时间和测试准确率比较如表 6.2 所示。

表 6.2　四种模式数据集比较结果

数据模式	测试准确率（无 BN）/%	测试准确率（有 BN）/%	训练时间（无 BN）/min	训练时间（有 BN）/min
RGB 图	82.85	83.70	50	51
二值图	79.78	79.88	54	54
灰度图	80.86	81.89	46	48
深度图	70	68.75	55	55

由对比结果分析可知：

(1)对于四种模式数据集，二值图和深度图的训练时间较慢，即二值图和深度图的收敛速度与其他两种模式相比较慢。简单地引入批量归一化层并没有直接提高训练速度，但是由于其收敛速度大幅提升，可通过提前结束训练来减少训练时间。另外，经过图像处理将 RGB 图转换成灰度图可以明显提高训练速度。

（2）RGB 图视频序列包含图像信息丰富，准确率最高；灰度图视频序列的准确率次之，但相差不大。深度图与二值图都会不同程度地丢失图像信息，因此测试准确率偏低，尤其是深度图，会出现严重的误判。分析原因发现，在采集深度图时，不能够记录真实的深度值，将深度值（700～4000mm）用 0～255 的灰度表示会带来深度误差，误差在 15mm 左右，另外由于深度图噪点严重，也会在一定程度上对识别效果产生影响。图 6.14 与图 6.15 分别为某时刻拧螺钉和涂刷两类装配动作的深度图模式视频帧，单从图像中难以看出手中的工具是什么，更不知道实验人员在做什么动作。

图 6.14　拧螺钉

图 6.15　涂刷

综合实验结果分析表明，本节提出的引入批量归一化层的三维卷积神经网络模型可以有效提高模型训练时的收敛速度。单通道灰度图视频序列可以很好地保留图像内容并减少训练参数的数量，从而提升训练速度，同时确保模型的识别准确率基本不变。

6.2　基于目标检测的装配工具检测

在装配生产线中，操作工人的任务通常是利用特定装配工具进行简单重复性的操作动作。然而在大规模定制生产环境下，工人可能难以适应多变的生产环境，从而导致使用错误的装配工具。因此，本节将目标检测技术应用在装配过程监测中，实现对装配工具使用情况的监测。

6.2.1　装配工具监测流程

利用目标检测技术对工人手中的工具进行检测，即可判断该工人是否在特定的装配工序中使用了正确的装配工具，而工具信息也可以对理解装配动作起到一定的帮助。利用目标检测技术对装配工具进行监测的流程如图 6.16 所示。

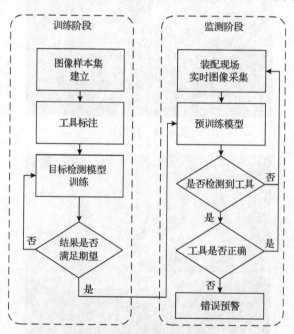

图 6.16　装配工具监测流程

装配工具监测流程主要分成训练阶段和监测阶段。在训练阶段，首先要建立包含工具类别信息及坐标信息的训练样本，然后采取合适的目标检测模型进行训练。在监测阶段,首先需要利用作业现场的彩色相机实时采集图像,然后利用训练好的目标检测模型进行检测,若检测到的工具信息与当前装配工序所需的装配工具不一致,则进行报警;若检测结果一致,则继续检测直到相应装配动作进行完毕。

6.2.2　目标检测相关模型分析

目前常见的基于深度学习的目标检测模型有 R-CNN、Fast R-CNN、Faster R-CNN、YOLO 和 YOLOv3 等,其中有的目标检测模型检测准确率高但速度慢,有的检测准确率一般但速度快。因此,在确定目标检测模型时需要权衡检测准确率与检测速度两个重要指标,才能达到良好的监测效果。为了确定合适的目标检测模型以达到良好的装配工具监测效果,本节对以上几种目标检测模型进行了分析及实验对比。

1. R-CNN 模型

图 6.17 为 R-CNN 算法流程图。首先采用选择式搜索算法从输入图像预选取了约 2000 个候选框;然后利用基于卷积神经网络的预训练模型(如 AlexNet、VGG 等)对候选区域提取特征,由于每个候选框的大小都不一样,在对每一个候选框提取特征之前,需要对所有的候选框进行强制尺寸缩放,转化成统一尺寸;接着将这些统一尺寸的候选框传入预训练模型提取特征;最后利用 SVM 对提取到的特征进行分类,并利用线性回归模型调整候选框边框位置,最终实现对检测目标的类别及位置判断。

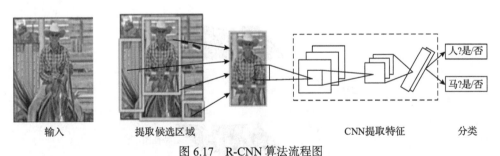

输入　　　　　提取候选区域　　　　　　　　　　CNN提取特征　　　　分类

图 6.17　R-CNN 算法流程图

R-CNN 虽然较传统的目标检测算法有较大的改进,但是其局限性也很明显:①2000 个候选框数量较多,提取特征需要很长时间,这将导致模型的训练和测试速度都会变慢;②对候选框进行强制尺寸缩放会破坏图像信息,降低检测准确率。

2. Fast R-CNN 模型

Fast R-CNN 主要解决了 R-CNN 的一些不足,其算法流程如图 6.18 所示。Fast

R-CNN 的主要改进如下：①只对图像提取一次特征，先将整张图像输入到预训练的 CNN 模型中，直接对整张图像提取特征，再在提取到的特征图上进行候选框选取，这样就避免了重复的特征提取步骤，大大提高了训练及检测速度。②引进了空间金字塔池化操作。空间金字塔池化是一种特殊的池化方式，它可以对尺寸不一的卷积层特征进行处理，统一大小，随后输入全连接层，从而避免了 R-CNN 的强制尺寸缩放，提高了模型的准确率。③在分类阶段，没有采取 SVM 分类和线性回归调整边框的方式，而是通过多任务联合训练的方式，直接对分类器及边框坐标进行训练。虽然 Fast R-CNN 在很大程度上解决了 R-CNN 的缺陷，但是它的选择性搜索算法计算时间比较长，这在很大程度上限制了检测速度上限。

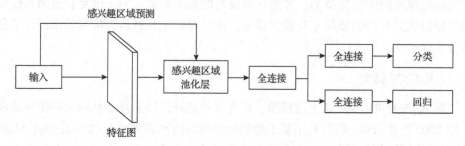

图 6.18　Fast R-CNN 算法流程图

3. Faster R-CNN 模型

Faster R-CNN 又对 Fast R-CNN 进行了一些改进，使检测速度提高了近十倍，打破了其速度上限的瓶颈，具体算法流程如图 6.19 所示。

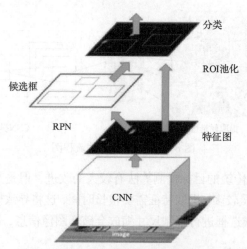

图 6.19　Faster R-CNN[28]算法流程图

ROI（region of interest）表示感兴趣区域

Faster R-CNN 的最大改进之处是用区域候选网络(region proposal network, RPN)代替了选择性搜索算法，RPN 可以提供高质量的区域候选框，因此提高了检测的准确性。Faster R-CNN 的处理流程大致如下：首先利用 CNN 提取输入图像的特征图，然后利用 RPN 得到大体的边界框的特征及类别特征，最后通过空间金字塔池化后传给输出层预测类别概率并调整边框位置。

4. YOLOv3 模型

YOLOv3[132]是 YOLO 的改进版本。YOLO 不同于以往的目标检测算法，以往的目标检测算法基本都需要分成两步，首先通过不同方法选取候选框，然后进行分类判断和边框调整。而 YOLO 将目标检测问题进行了转化，将其视为回归问题，只通过一个网络模型，一步即可获得目标框(bounding box)的坐标、物体类别及其置信度。由于 YOLO 模型具有一步出结果的特点，其检测速度非常快，在 Titan X 显卡上能达到 45 帧/s，满足了目标检测的实时性要求，这是以往的目标检测模型所不能比的。

YOLO 首先将输入图像尺寸调整到448×448像素，并将图像划分成若干个7×7的小栅格，若某个物体的中心正好在该小格内，则小格通过对目标框进行预测，找到检测物体并预测其目标框的位置置信度，置信度除了反映该目标框是否包含物体外，还反映了在包含物体的情况下位置的准确性；然后通过非极大抑制，找到置信度最大的框，即为预测结果。置信度 C_i 如下：

$$C_i = \text{pr(object)} \times \text{IoU}_{\text{pred}}^{\text{truth}} \tag{6.4}$$

式中，pr(object) 表示是否有物体，其取值为 0 或 1，若包含物体则取值为 1，不包含则为 0；IoU 为预测框与真实框的交并比。

YOLO 虽然检测速度很快，但仍然存在定位不准、对成群小尺寸物体检测效果差等缺点。针对 YOLO 的缺点，YOLOv3 对其进行了改进。YOLOv3 算法网络结构如图 6.20 所示。其中，DBL 单元由卷积层、批量归一化处理模块、LeakyReLU 激活函数组成。

YOLOv3 算法流程与 YOLO 相似，首先对输入图像进行尺寸调整，将分辨率固定为 416×416 像素；然后将调整尺寸后的图像分割成 13×13 非重叠网络单元；最后由每个单元负责检测边界框及其置信度。YOLOv3 相对于 YOLO 进行的主要改进如下。

(1)采用多尺度预测以及 Anchor 机制，可以预测不同尺度的物体，提高模型的检测精度。

(2)模型前端的特征提取模块更深、识别准确率更高且参数量不会大幅增加。这是因为它采用 DarkNet-53 作为特征提取模块，DarkNet-53 是由残差网络组成的基础网络。

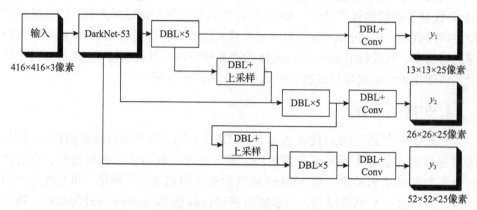

图 6.20   YOLOv3 算法网络结构

(3)没有使用 Softmax 分类器，而是用 Logistic 进行多标签分类。另外，损失函数采用二元交叉熵损失函数。

6.2.3   实验及结果分析

YOLOv3 模型相较于 R-CNN、Fast R-CNN 和 Faster R-CNN 三种模型检测速度有大幅提升。本节主要利用 YOLOv3 模型实现装配工具的目标检测实验，首先对实验环境及评价指标进行说明，然后详述目标检测数据集的制作流程，最后将 YOLOv3 模型在检测速度、检测准确率上的实验结果与 R-CNN、Fast R-CNN、Faster R-CNN 三种模型进行横向对比。

目标检测常用的评价指标为准确率(Precision，P)和召回率(Recall，R)指标。两个指标是相互博弈关系，若准确率过高，则召回率就会降低；若召回率提高，则准确率下降。准确率反映了正确判断为正例的样本占所有被判断为正例样本的比例，召回率反映了正确判断为正例的样本占所有真实为正例样本的比例。准确率与召回率的计算公式如下：

$$P=\frac{TP}{TP+FP} \tag{6.5}$$

$$R=\frac{TP}{TP+FN} \tag{6.6}$$

其中，TP 即 True Positives，表示正确判断为正例的样本数量；FP 即 False Positives，表示错误判断为正例的样本；FN 即 False Negative，表示错误判断为负例的样本数量；TN 即 True Negative，表示正确判断为负例的样本数量。四种关系的图像表示如图 6.21 所示。

	预测阳性	预测阴性
实际阳性	真阳性(TP)	假阴性(FN)
实际阴性	假阳性(FP)	真阴性(TN)

图 6.21　TP、FP、FN、TN 关系表示

另外，与 Precision-Recall 指标密切相关的指标为交并比(intersection over union，IoU)阈值，即检测边框与真实边框交并比，如图 6.22 所示。

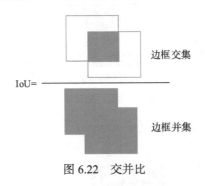

图 6.22　交并比

1. 数据集制作

目标检测模型的数据集与动作识别构造的视频数据集不同，目标检测模型的训练标签不能仅包含装配工具的类别信息，还需要包含工具的坐标信息。因此，需要先构建一套目标检测的专用数据集，并使用特定的标注工具进行人工标注，将标注的工具类别信息及坐标信息作为训练标签。具体的数据集制作流程如下。

(1)动作录制：控制相机角度、光照条件等因素不变，利用 RGB 相机对十位实验人员的装配动作进行录制，每位实验人员都进行锤、锉和拧螺母三类装配动作，共得到 30 段动作视频，每段视频时长都在 4s 左右。

(2)视频帧提取：将所有视频按动作类别分类存放，在 Ubuntu 系统下利用 FFmpeg 工具分别对分类好的视频片段提取视频帧,每秒提取 10 帧装配动作图像。最后将所有图像都存放在同一个文件夹下,将图像名称改为如 000000.jpg 的格式。图 6.23 为三类动作的部分视频帧样例。

(3)图像标注：利用 labelImg 软件对每张图像中的装配工具进行标注，生成的坐标信息及类别信息即为图像标签，若图像中没有工具信息，则丢弃该图像。labelImg 软件的标注程序界面如图 6.24 所示。

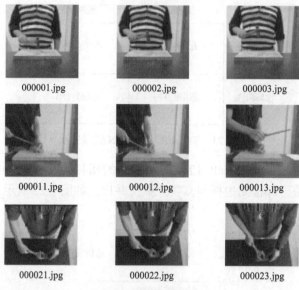

图 6.23　部分视频帧样例

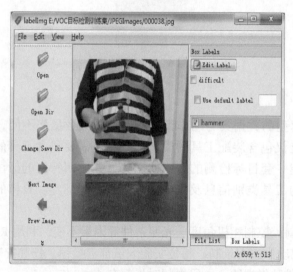

图 6.24　标注程序界面

　　在利用 labelImg 软件对图像进行标注后，将生成格式为 XML 的标签文件，文件内容如图 6.25 所示。左侧为标签文件示例，右侧为某标签文件的真实内容。其中，filename 为对应的图像名称，path 为对应图像的绝对路径，bndbox 为标记框的坐标位置。

　　(4)数据集划分：将所有图像的 80%作为训练集，训练集中的 20%作为验证集，所有图像的另外 20%作为测试集。其中，验证集用于在模型训练时调整某些参数。最终的数据集分类情况如表 6.3 所示。

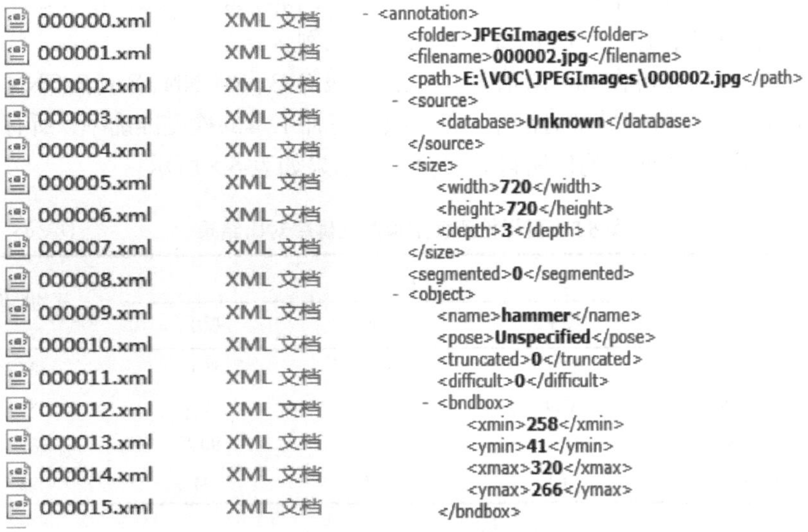

📄 000000.xml	XML 文档	`- <annotation>`
📄 000001.xml	XML 文档	`<folder>JPEGImages</folder>`
📄 000002.xml	XML 文档	`<filename>000002.jpg</filename>`
📄 000003.xml	XML 文档	`<path>E:\VOC\JPEGImages\000002.jpg</path>`
📄 000004.xml	XML 文档	`- <source>`
📄 000005.xml	XML 文档	`<database>Unknown</database>`
📄 000006.xml	XML 文档	`</source>`
📄 000007.xml	XML 文档	`- <size>`
📄 000008.xml	XML 文档	`<width>720</width>`
📄 000009.xml	XML 文档	`<height>720</height>`
📄 000010.xml	XML 文档	`<depth>3</depth>`
📄 000011.xml	XML 文档	`</size>`
📄 000012.xml	XML 文档	`<segmented>0</segmented>`
📄 000013.xml	XML 文档	`- <object>`
📄 000014.xml	XML 文档	`<name>hammer</name>`
📄 000015.xml	XML 文档	`<pose>Unspecified</pose>`

`<truncated>0</truncated>`
`<difficult>0</difficult>`
`- <bndbox>`
`<xmin>258</xmin>`
`<ymin>41</ymin>`
`<xmax>320</xmax>`
`<ymax>266</ymax>`
`</bndbox>`

图 6.25　标签文件

表 6.3　数据集分类情况　　　　　　　　（单位：张）

数据集	锤的图像数	锉的图像数	拧螺母的图像数	合计
训练集	248	255	260	763
验证集	56	62	65	183
测试集	72	81	84	237
合计	376	398	409	1183

2. 实验结果分析

首先需要确定合适的 IoU 阈值。实验利用 YOLOv3 在自建数据集上进行训练，训练阶段将梯度下降的动量项设置为 0.9，初始学习率定义为 0.001，衰减系数定义为 0.0005。控制以上超参数不变，选择不同的 IoU 阈值，对比在不同 IoU 阈值下的准确率与召回率指标变化。对比结果如表 6.4 所示。

表 6.4　不同 IoU 阈值下准确率-召回率指标对比

IoU 阈值	准确率/%	召回率/%
0.25	84	86.2
0.5	92.5	85.9
0.75	94.6	80

由实验结果分析可知，在阈值为 0.5 时模型的准确率和召回率表现都不错，随着 IoU 阈值增大，准确率不断提高但召回率下降严重。因此，将 IoU 阈值设置为 0.5，当 IoU 阈值大于 0.5 时才会被判定为正例。

接下来对比分析在 IoU 阈值为 0.5 时，YOLOv3、R-CNN、Fast R-CNN、Faster R-CNN 四种目标检测模型对锤子、锉、扳手三种工具的检测准确率，所有检测准确率均为多次测试取平均值所得。实验对比结果如表 6.5 所示。

表 6.5　目标检测模型检测准确率对比结果　　　　　　（单位：%）

目标检测模型	准确率			平均准确率
	锤子	锉	扳手	
R-CNN	85.1	86.8	89.6	87.2
Fast R-CNN	87.9	88.3	90.3	88.8
Faster R-CNN	89.1	88.6	90.4	89.4
YOLOv3	91.1	92.5	94	92.5

通过实验对比发现，本节选取的 YOLOv3 模型具有最高的检测准确率，平均准确率达到 92.5%，但是由于样本中的目标信息比较明显且无遮挡，几种目标检测模型都取得了较好的效果，检测准确率相差并不大，图 6.26 为 YOLOv3 模型部分检测结果示例。进一步对四种模型的检测速度进行测试，对比结果如图 6.27 所示。

(a) 锤子　　　　　　　　　　(b) 锉　　　　　　　　　　(c) 扳手

图 6.26　YOLOv3 模型部分检测结果示例

图 6.27　检测速度对比

由检测速度对比结果可知，R-CNN 模型的检测速度最慢，Faster R-CNN 模型相较于 R-CNN 和 Fast R-CNN 模型都有较大提升，YOLOv3 模型的检测速度提升最显著，达到 32 帧/s，由此证明了本节选用的 YOLOv3 模型与其他模型相比具有最快的检测速度，满足了装配工具监测的实时性要求。

6.3 基于姿态估计的装配动作重复次数检测

通过人体姿态估计可以获取人体的关节点坐标信息，对坐标信息进一步加工处理可应用于许多领域，目前在人体康复、乘客异常监测等领域已经有了初步的研究成果，但是在装配过程监测领域的应用研究还较少。本节采用基于深度学习的姿态估计算法，利用普通的摄像头获取人体关节点坐标，通过对坐标信息的处理即可判断装配动作重复次数。

6.3.1 研究流程

虽然利用 Kinect 传感器可以直接获取人体关节点信息，但是传感器识别距离有限且成本较高，在工业环境中难以大规模应用。本节利用彩色图像，采用基于深度学习的人体姿态估计方法获取人体关节点坐标信息，通过对坐标信息的进一步处理，实现装配动作重复次数的判断。

此外，仅使用姿态估计算法还不能判断动作的种类，且装配动作发生的时间点也难以确定。鉴于装配生产线中工人的动作一般都具有工具依赖性的特点，本节提出了利用目标检测算法代替常规的动作识别算法，通过对工具信息的检测来判断相应装配动作的类别及动作发生时间点。常规的动作识别算法往往需要处理多帧图像，而目标检测只需要处理单张图像即可，因此本节提出的方法极大地提高了对装配过程中工人操作程度的监测效率。

本节提出的装配动作重复次数判断的具体算法流程如图 6.28 所示。首先用目标检测算法代替动作识别算法，以检测到工具信息作为动作开始的标志；随后利用 OpenPose 算法进行姿态估计并提取关键关节点的坐标数据；最后通过对坐标数据的清洗与分析，根据坐标信息随时间变化的规律实现对装配动作重复次数的判断。通过该方法对装配作业现场的监控视频进行处理后，仅仅需要一张图像就可以让管理人员快速判断工人的动作重复次数，相比一般的人为监督，在很大程度上节省了人力投入并提高了监测质量。

6.3.2 姿态估计模型分析

OpenPose 算法是由美国卡内基梅隆大学提出的基于卷积神经网络的人体姿态识别算法，该算法是由单人姿态估计和多人姿态估计共同组成的，其人体关键点检测主要基于卷积姿态机(CPM)实现。CPM 网络结构如图 6.29 所示。

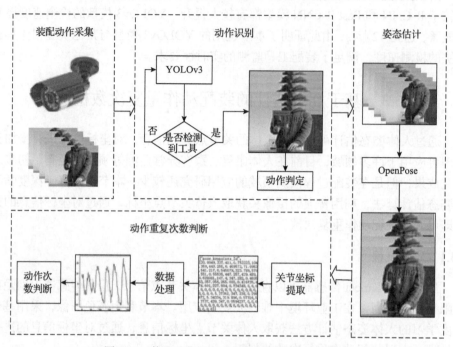

图 6.28 装配动作重复次数判断的具体算法流程

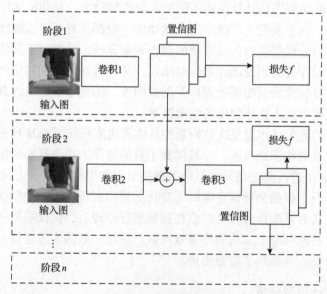

图 6.29 CPM 网络结构

CPM[96]采用了中继监督机制,在每个阶段都有一个损失值输出,这样可使底层参数能够正常更新。在阶段 1 中,对输入图像进行卷积操作得到初始响应图;

在阶段 2 中输入的也是原始图像，但是在卷积层中间加入一个串联结构，融合了阶段 1 响应图、阶段性卷积结果和高斯模板生成的中心约束三部分信息；从阶段 3 开始，不再输入原始图像而是输入上一阶段性卷积结果，每个阶段都由全卷积网络预测每个关节点，结果持续微调并累加到之前部件的响应图上；最后将每个响应图中置信度最大的点作为关节位置。

6.3.3 实验及结果分析

实验选取三类典型装配动作：锤、锉、拧螺母。首先测试对比 2D CNN、3D CNN 和 YOLOv3 三种模型对三种装配动作的识别准确率及识别速度，确定合适的动作识别方法；然后利用 OpenPose 算法获取人体关节点坐标信息，通过对坐标信息进行清洗及处理，实现对三种装配动作重复次数的判断；最后对所有实验人员动作重复次数的判断结果进行统计分析，验证本节提出的装配动作重复次数判断方法简单可行。

1. 动作识别方法选取

仅通过姿态估计获取的关节点坐标信息还不能判断装配动作重复次数，这是因为装配动作的类别及动作起始时间不能确定，所以难以从大量的坐标数据中获得有用信息。因此，只有快速、准确地判断装配动作的类别及动作起始时间，才能利用人体姿态估计算法来获取有用的关节点坐标数据，并通过对坐标数据进一步处理实现装配动作重复次数的判断。

综上分析，如何快速、准确地判断装配动作的类别及动作起始时间成为实验首先要考虑的问题。本节测试对比了 2D CNN、3D CNN 和 YOLOv3 三种模型对装配动作的识别准确率及识别速度。其中，2D CNN 是由二维卷积层、最大池化层、全连接层和输出层构成的原始二维卷积神经网络，3D CNN 为 6.1 节提出的基于批量归一化的改进三维卷积神经网络，YOLOv3 为 6.2 节介绍的目标检测算法。实验比较结果如表 6.6 所示。

表 6.6　三种模型比较结果

动作识别模型	识别准确率/%			动作平均识别准确率/%	动作识别时间/s
	锤动作	锉动作	拧螺母动作		
2D CNN	71.4	87.5	86.3	81.73	0.02
3D CNN	73.6	95.6	96.8	88.67	0.06
YOLOv3	91.1	92.5	94	92.5	0.03

由实验结果可知，对于具有工具依赖性特点的装配动作，YOLOv3 模型的平均识别准确率为 92.5%，识别时间为 0.03s，综合效果优于其他模型；其次是 2D

CNN，识别时间为 0.02s，但平均识别准确率最低，由此也证明了仅通过基于 2D CNN 的图像分类技术判断装配动作效果不佳；最后是 3D CNN，三维卷积神经网络需要处理多帧视频图像才能判断动作类别，因此速度较慢，需要 0.06s，并且会漏掉很多有用的坐标信息，导致动作次数判断不准确。

2. 实验流程

在装配作业中，操作工人的关节点相对于三维空间变化不大，本节仅研究基于二维空间下单人姿态信息的动作重复次数的判断方法。图 6.30 为采用 OpenPose 算法对某实验人员三种动作的姿态估计示例。

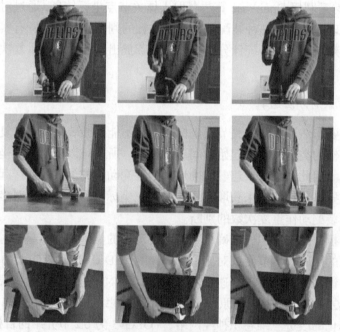

图 6.30　姿态估计示例

首先采用 OpenPose 算法估计实验人员上肢姿态，然后提取上肢关节点坐标信息，最后对坐标信息进行处理以判断动作重复次数。对于锤动作，通过纵向（Y 方向）坐标信息随时间的变化情况估计动作次数；对于锉动作，通过横向（X 方向）坐标信息随时间的变化情况估计动作次数；对于拧螺母动作，通过 X、Y 方向随时间的共同变化情况估计动作次数。

本节利用 OpenPose 算法的预训练参数，直接用于姿态估计实验。首先对实验人员的装配动作进行姿态估计，然后提取握取工具关节点的坐标数据并进行数据清洗，最后绘制出该关节点坐标随时间变化曲线，以此估计实验人员动作次数，达到判断操作程度的目的。实验先关注一位实验人员的装配动作重复次数判断情况，再统计所有实验人员的实验结果。

实验过程如下：

(1)关节点坐标提取：利用 OpenPose 算法对某实验人员的三种装配动作进行姿态估计，识别结果如图 6.31 所示。可以看出，此模型基本可以准确识别出人体关节点。OpenPose 算法对人体关节点坐标的输出格式为："pose_keypoints_2d": $[x_1, y_1, c_1, \cdots, x_n, y_n, c_n]$，其中 (x_n, y_n) 为人体关节点坐标，c_n 为该关节点位置预测精度。人体各个关节点的位置如图 6.31 所示。按时间顺序对每帧关节点坐标进行提取，本实验只需提取 4 号关节点。

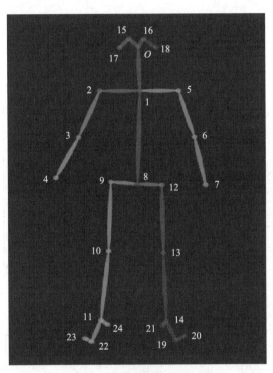

图 6.31　人体各关节点位置图

(2)数据清洗：由于模型和系统性能受限，难以达到百分之百的精准度。在有些帧中会检测不到关节点或预测关节点位置与真实情况严重不符，因此会有坐标为 0 或跳跃性极大的情况，必须进行数据清洗。此步骤只需要设置通过统计得到的动作范围的上下限，对不符合情况的坐标数据进行剔除即可。若不进行数据清洗，将会得到如图 6.32 所示的实验结果，由于存在远远超出动作范围的坐标值，动作曲线严重失真，难以根据该动作曲线判断动作进行次数。

(3)操作程度判断：对清洗过的数据进行减均值处理，使动作波动更加直观，并利用 Python 第三方库 Matplotlib 进行绘图，结果如图 6.33～图 6.35 所示。其中

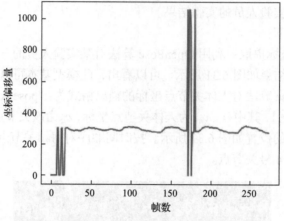

图 6.32 无数据清洗动作曲线

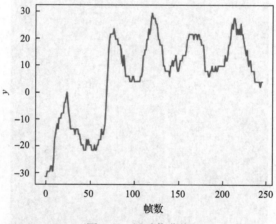

图 6.33 锤动作曲线

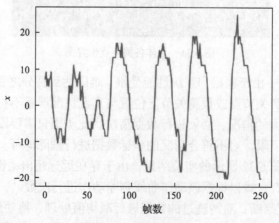

图 6.34 锉动作曲线

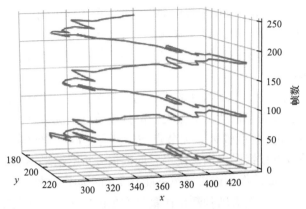

图 6.35　拧螺母动作曲线

图 6.33 为锤动作曲线，纵坐标表示关节点在实际空间中 y 方向坐标值，横坐标表示帧数；图 6.34 为锉动作曲线，纵坐标表示关节点在实际空间中 x 方向坐标值，横坐标表示帧数；图 6.35 为拧螺母动作曲线，以关节点实际空间中的 x 和 y 方向的坐标值作为横、纵坐标，以帧数作为 z 轴坐标进行绘图。通过曲线波峰可判断锤和锉两个动作都进行了 5 次，拧螺母动作进行了 3 次，结果都与实际情况相符，由此证明了利用姿态估计的坐标信息进行操作程度判断具有可行性。

3. 结果统计分析

　　在对一位实验人员的装配动作重复次数判断成功后，本节又对十位实验人员共计 30 个动作视频样本的判断结果进行统计分析。统计结果如图 6.36 所示，其中纵轴表示样本动作名称及样本中动作重复次数，横轴表示被正确或错误估计动作重复次数的样本数量。

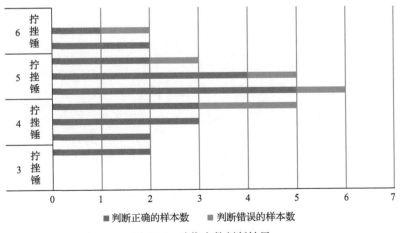

图 6.36　动作次数判断结果

由统计结果可知，对于 30 个装配动作样本，可正确识别动作重复次数的样本共有 24 个，准确率达到 80%；随着视频样本中动作频次的增加，不能正确判断动作重复次数的视频样本所占比例有所增加。对不能准确判断动作次数的样本进行分析，主要原因如下。

(1)受系统环境限制，尤其在实验人员动作频次较高的情况下，CPM 模型不能实时对每帧图像进行姿态估计，会丢失一部分关节点坐标数据。

(2)操作人员动作幅度较大、关节点被遮挡等情况会导致姿态识别准确率不高，甚至一些关节点被错误识别，使得后期数据分析的结果不准确。

(3)某些实验人员动作不连贯导致不能准确判断动作次数。

综上分析，对于不能准确判断动作重复次数的样本，其问题主要出在姿态估计环节，若利用实时性好、识别准确率高的姿态估计模型，则会使准确判断动作重复次数所需的样本数量进一步增加。总体而言，对于具有简单重复性、工具依赖性的装配动作，利用本节提出的方法对装配作业现场的监控视频进行处理后，仅仅需要一张图像就可以快速判断工人的动作重复次数。

第7章 基于表面肌电图信号的螺栓装配监测

通过分析当前机械装配领域的研究现状，发现单独利用图像信息，应用视觉技术，无法实现对装配力/力矩等定量监测。在螺栓装配领域，将传感器安装在装配工具或固定在生产线上，通过采集的数据估计螺栓扭矩大小，达到定量监测的效果，这种监测方法存在通用性较差、受装配空间影响、易受装配环境干扰等问题。

针对上述问题，本章应用神经网络技术，采用 sEMG 信号和惯性信号，分别通过分类和回归的方式估计螺栓装配扭矩，实现螺栓装配力/力矩监测。本章设计螺栓装配扭矩实验台，建立两类数据集，为后续实验研究建立条件；应用卷积神经网络，使用分类的方法估计装配扭矩，实现螺栓装配扭矩监测，并设计 MSP-CNN模型；应用回归神经网络，使用回归的方法直接估计装配扭矩，实现螺栓装配扭矩监测，并设计 Het-TCN 和双流 CNN 两类网络模型。

7.1 螺栓装配扭矩实验台及数据集建立

与 sEMG 信号相关的数据集主要面向手势识别、康复医学等方面，目前缺少面向螺栓装配监测的数据集。本节设计螺栓装配扭矩实验台，制作两类数据集，即扭矩分类数据集和扭矩回归数据集。

7.1.1 螺栓装配扭矩实验台

本章设计的螺栓装配扭矩实验台如图 7.1 所示，包括 Myo 臂环、扭矩传感器、基于 EtherCAT 总线的扭矩测控系统、RealSense 摄像头、扳手和可更换式螺栓头等。

Myo 臂环，也称手势控制臂环，包含肌肉脉动测量单元和惯性测量单元（inertial measurement unit，IMU）。其中，肌肉脉动测量单元采集频率为 200Hz，可以测量佩戴者手臂八个方向的 sEMG 信号；惯性测量单元采集频率为 50Hz，可以采集操作人员运动过程中产生的惯性信号，包括加速度信号、陀螺仪信号和方位信号。

扭矩传感器可以装配不同型号的螺栓头，以模拟工厂中不同尺寸、不同类型的螺栓装配操作。基于 EtherCAT 总线的扭矩测控系统连接扭矩传感器，并将扭矩信息按设定频率传输给计算机。本节设定扭矩采集频率为 1000Hz。

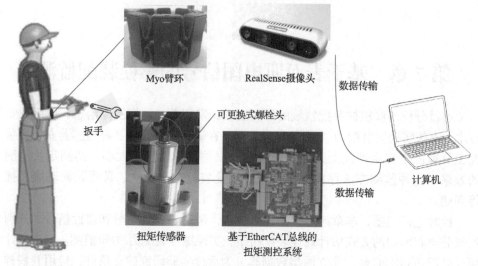

图 7.1　螺栓装配扭矩实验台

应用螺栓装配扭矩实验台，制作两类数据集并用于后续研究，如图 7.2 所示。扭矩分类数据集包括 sEMG 信号和扭矩信号，用于研究基于卷积神经网络的装配扭矩分类粒度估计；扭矩回归数据集包括 sEMG 信号、惯性信号和扭矩信号，用于研究基于回归神经网络的螺栓装配扭矩回归。两类数据集统一按照 6:2:2 的比例划分训练集、验证集和测试集。

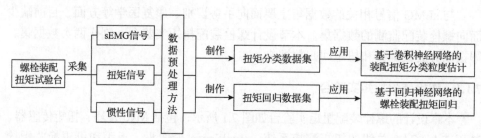

图 7.2　数据集制作过程及应用对象

Myo 臂环及佩戴要求如图 7.3 所示。设定 Myo 臂环中配有 Logo 指示灯和状态指示灯的电极为①号电极，其他电极按图中顺序分别设为②～⑧号。佩戴时，状态灯靠近手指部位，与手肘距离 5cm。

实验人员选择标准如下：实验人员四肢一年内确保无严重疾病；实验人员熟悉工厂装配的操作；实验人员身体对 sEMG 信号反馈正常（能接受正常心电图）。

通过筛选后，选择 10 名实验人员（男性，年龄为 23±3 岁）参与实验并帮助建立数据集。实验人员的身体质量指数（body mass index，BMI）（国际标准）分别为 21.6、21.7、23.0、27.7、23.1、22.3、19.1、19.6、22.5、23.5。

(a) Myo臂环　　　　　　　　　　　　　　(b) Myo臂环佩戴要求

图 7.3　Myo 臂环及佩戴要求

7.1.2　扭矩分类数据集制作及数据预处理

为研究基于卷积神经网络的装配扭矩分类粒度估计，建立扭矩分类数据集并对不同类型的数据进行预处理工作，具体步骤如下。

1. 数据采集

实验人员使用不同的装配工具在实验台上紧固五种类型的螺栓（M6、M8、M10、M12、M14），装配工具包括活扳手和五个不同尺寸的呆扳手，如图 7.4 所示。实验中，每个操作人员都使用该类型的扳手来拧紧 5 个螺栓，每次螺栓装配操作用时 5s。实验采集的 sEMG 信号在预处理后作为输入信号保存，采集的扭矩信息作为输出的扭矩标签。

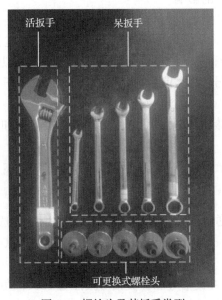

图 7.4　螺栓头及其扳手类型

2. 数据预处理

sEMG 信号为八通道时序信号，需要对 8 个通道的 sEMG 信号数据均进行预处理工作。具体预处理流程如图 7.5 所示。

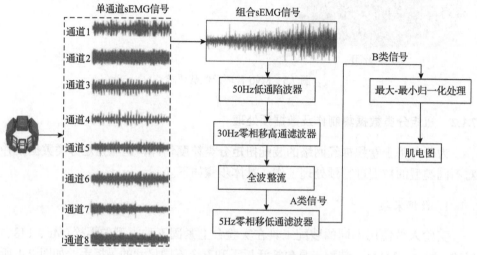

图 7.5 sEMG 信号预处理流程图

（1）应用 50Hz 低通陷波器处理 sEMG 信号。该方法能抑制低于设定频率的信号数据通过，允许高于设定频率的高频信号通过，并通过减小信号幅值，消除本地工作频率对信号采集的影响。

（2）应用 30Hz 零相移高通滤波对处理后的 sEMG 信号进行运动劣迹清除。

（3）应用全波整流将信号的负值进行反转，输出信息记为 A 类信号。

（4）应用 5Hz 零相移低通滤波器处理 A 类信号，以模拟肌肉的低通滤波特性，输出信号记为 B 类信号。两类信号主要用于分析 sEMG 信号预处理方式对神经网络识别准确率的影响。

（5）将信号转换成标量数据，消除向量影响。A 类信号和 B 类信号应用式（7.1）进行归一化处理。

$$A_i' = \frac{A_i - A_{\min}}{A_{\max} - A_{\min}} \tag{7.1}$$

式中，$A_{\max}$ 为选择八通道中 sEMG 信号的最大值；$A_{\min}$ 为选择八通道中 sEMG 信号的最小值；A_i 为第 i 个 sEMG 信号值；A_i' 为第 i 个 sEMG 信号归一化处理后的特征值。

（6）将归一化后的 A 类信号和 B 类信号按照每 100 个值作为一个样本的方式，绘制肌电图，共 4000 张。每张图的尺寸为 (100, 8)，其中 8 代表通道数。

图 7.6 给出了原始 sEMG 信号与预处理后的 sEMG 信号。通过对比发现，预处理后的 sEMG 信号特征更加明显。

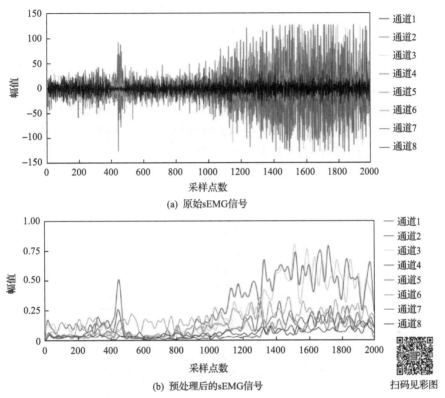

(a) 原始sEMG信号

(b) 预处理后的sEMG信号

扫码见彩图

图 7.6　原始 sEMG 信号与预处理后的 sEMG 信号

7.1.3　扭矩回归数据集制作及数据预处理

为了实现基于回归神经网络的装配扭矩预测，建立扭矩回归数据集，具体步骤如下。

1. 数据采集

实验人员直接应用活扳手进行 10 组螺栓装配实验，每组螺栓装配实验用时 10s。实验人员使用常规活扳手，选择合适的抓握位置装配螺栓，这意味着每次实验，装配力臂存在变化。采集的 sEMG 信号和惯性信号分别经过预处理后作为输入信号保存，采集的扭矩信息作为输出数据保存。

2. 数据预处理

sEMG 信号只通过 50Hz 陷波器、30Hz 高通滤波器、全波整流和 5Hz 低通滤波器进行处理，与扭矩分类数据集不同，回归数据集直接保留了八通道时序特征，不制作成肌电图。

惯性信号是惯性测量单元采集加速度信号、陀螺仪信号、方位信号的统称。Myo 臂环中的惯性测量单元的采集频率为 50Hz，因采集频率与 sEMG 信号采集频率不同且相差较大，本节采用与 sEMG 信号不同的处理方式。

惯性信号的预处理流程如图 7.7 所示。首先，三类信号分别通过 30Hz 陷波器处理，消除工频影响。经过全波整流后，通过 25Hz 零相移高通滤波器处理。最后，三类信号特征按对应通道分别进行归一化处理并组合成惯性信号。方位信号涉及欧拉角和四元数两种类型，其中四元数为四通道时序数据，而欧拉角为三通道时序数据。为了消除由通道数不同造成特征值数量不一致的问题，本节采用欧拉角代替四元数，即加速度信号、陀螺仪信号、方位信号均为三通道时序特征，惯性信号为九通道时序特征。

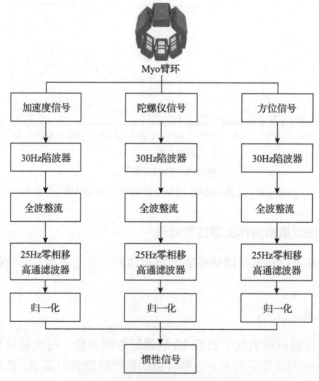

图 7.7　惯性信号预处理流程图

图 7.8 给出了惯性信号预处理前后对比情况。通过加速度信号、陀螺仪信号和方位信号预处理前后的对比发现，当人体手臂发生明显运动变化时，惯性信号均发生变化，但是预处理后惯性信号的幅值变动更加明显。

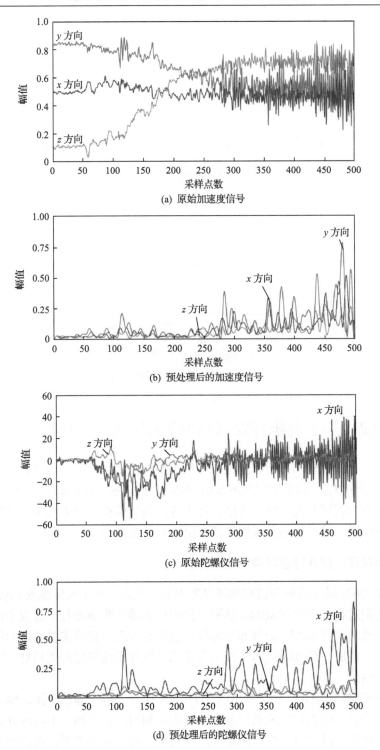

(a) 原始加速度信号

(b) 预处理后的加速度信号

(c) 原始陀螺仪信号

(d) 预处理后的陀螺仪信号

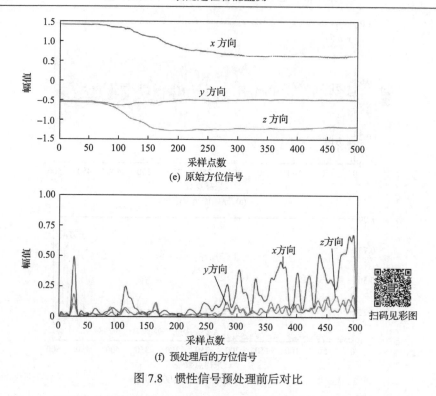

图 7.8　惯性信号预处理前后对比

7.2　基于卷积神经网络的装配扭矩分类粒度估计

当前，监测螺栓装配扭矩的主要工具是扭矩扳手和扭矩应力测试仪。这类装配工具通用性较差，易受装配环境影响。针对上述问题，本节提出一种应用 sEMG 信号估计装配扭矩分类粒度的方法，用于螺栓装配监测。该方法采用可穿戴式传感器，应用卷积神经网络实现螺栓装配扭矩的定量监测。

7.2.1　多粒度分割并行卷积神经网络

MSP-CNN 模型及研究流程如图 7.9 所示。首先，操作人员佩戴 Myo 臂环采集螺栓装配过程中产生的 sEMG 信号，扭矩传感器采集螺栓拧紧过程中产生的扭矩信息。然后，对 sEMG 信号和扭矩信息进行预处理，获得实验所需的肌电图和扭矩标签。最后，经 MSP-CNN 模型分析肌电图并预测输出扭矩信息，实现螺栓装配扭矩估计。

MSP-CNN 模型包含两个独立的 2D CNN 模型。输入为肌电图，输出为扭矩信息。两个独立的 2D CNN 模型使用数据集中相同的肌电图、不同的分类粒度进行训练和优化。测试时，两个网络模型首先预测同一张肌电图，获得两个扭矩信息。之后将两个扭矩信息组合，获得更细的分类粒度。该方法可在不增加神经网络层数的情况下，提高扭矩估计的效果。

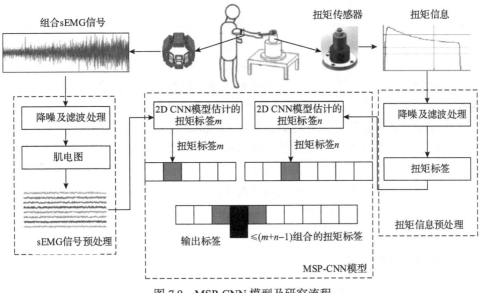

图 7.9　MSP-CNN 模型及研究流程

7.2.2　2D CNN 模型

为了突出卷积层提取特征的优势，将一维 sEMG 信号组合成二维肌电图作为网络模型输入。本节设计的 2D CNN 模型如图 7.10 所示。

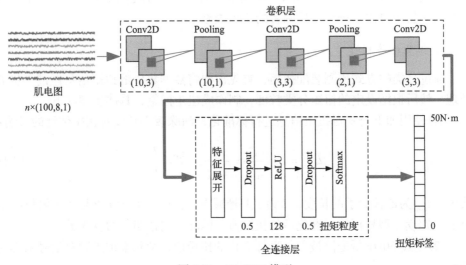

图 7.10　2D CNN 模型

输入层：输入数据为预处理过后的肌电图，每张肌电图的尺寸为 100×8×1 像素。

卷积层：包含三次卷积计算和两次池化计算。卷积计算主要负责提取肌电图的特征。其中，第一次卷积计算的滤波器数量为 32，卷积核尺寸为 10×3，卷积计算步长为 1×1；第二次卷积计算的滤波器数量为 64，卷积核尺寸为 3×3，卷积计算步长为 1×1；第三次卷积计算的滤波器数量为 128，卷积核尺寸为 3×3，卷积计算步长为 1×1。通过研究对比，本节选择采用平均池化方式，第一次池化计算的池化尺寸为 10×1；第二次池化计算的池化尺寸为 2×1。

全连接层：包括特征展开计算、两次 Dropout 计算。特征展开计算是将卷积计算后的二维数据降维成一维数据。Dropout 计算是为了解决因训练样本少、模型参数多而导致的易过拟合现象，本节设置 Dropout 的参数为 0.5。全连接神经网络是根据设定的标签，对一维数据进行分类计算，其中滤波器数量为 128。

输出层：采用 Softmax 函数，将预测扭矩分类粒度结果映射到 [0,1] 区间，表示对应分类粒度的预测概率值。

7.2.3　实验及结果分析

以上网络模型在操作系统为 Ubuntu 16.04(64)位，CPU 为 Intel Core™ i5-8300H @ 2.30GHz ×4，GPU 为 NVIDIA GeForce GTX 1050Ti，显卡为 NVIDIA Quadro M4000 的计算机上进行实验。

本节首先使用扭矩分类数据集中的部分数据，分析 sEMG 信号预处理方法和池化方式对 2D CNN 模型预测准确率的影响。然后采用扭矩分类数据集的全部数据并应用 MSP-CNN 模型和 2D CNN 模型，估计不同分类粒度下的扭矩。最后通过与真实扭矩对比，详细分析两者的扭矩误差。

1. 扭矩标签制作

通过分类的方式预测装配扭矩，首先需要将数据集中的扭矩信息做进一步的处理，然后根据设定的扭矩分类粒度，制作成扭矩标签，具体步骤如下。

(1)使用如下公式对扭矩信息进行标准化，消除扳手长度对扭矩估计的影响：

$$L_{\max}=1, \quad \frac{l_i}{l_{\max}}=\frac{L_i}{L_{\max}}, \quad T_i'=\frac{T_i}{L_i} \tag{7.2}$$

式中，$l_{\max}$ 为最长扳手的长度；l_i 为 i 型号扳手的长度；T_i 为 i 型号扳手测量的扭矩值；T_i' 为 i 型号扳手标准化后的扭矩值。标准后的扭矩与力臂无关。

(2)通过 50Hz 低通陷波器处理标准化的扭矩值，消除本地工频对信号采集的影响。

（3）通过 30Hz 零相移高通滤波对处理后的扭矩信息进行运动劣迹清除。

（4）为了使扭矩特征值和肌电图在时序上保证对应，根据肌电图的长度计算扭矩信号的均值，每 0.5s 的扭矩信号计算一个平均值，作为扭矩特征值。

（5）对扭矩特征值进行归一化处理，消除向量影响。

（6）设置扭矩均匀细分。本节使用的扭矩传感器的量程为 0～50N·m，将量程范围内的扭矩平均分为 10 个扭矩范围（简称 10 扭矩分类粒度），分别为 [0, 5)、[5, 10)、[10, 15)、[15, 20)、[20, 25)、[25, 30)、[30, 35)、[35, 40)、[40, 45)、[45, 50]。每个扭矩对应的扭矩范围记为该扭矩的标签。按上述方法，采用 5、15、20 等其他扭矩分类粒度制作扭矩标签。

（7）应用 one-hot 编码方式对不同扭矩分类粒度的扭矩标签进行编码，用于 2D CNN 模型训练。

2. 表面肌电图信号预处理方式分析

下面分析 sEMG 信号预处理方式对网络模型训练和预测的影响。扭矩分类数据集中的原始 sEMG 信号、A 类 sEMG 信号和 B 类 sEMG 信号分别作为输入。为消除其他因素的影响，两类 sEMG 信号输入时的超参数均相同。采用扭矩分类数据集的部分样本，分析不同扭矩分类粒度下的训练准确率和测试准确率，结果如表 7.1 所示。

表 7.1　不同 sEMG 信号预处理方式下 2D CNN 模型预测准确率

扭矩分类粒度	数据集	准确率/%		
		原始 sEMG 信号	A 类 sEMG 信号	B 类 sEMG 信号
5	训练集	87.18	99	99
	测试集	86.18	95.62	98
10	训练集	88.43	99	99
	测试集	79.37	96.25	91.25
15	训练集	89.43	99	99
	测试集	80.14	91.25	88.12
20	训练集	67.37	99	99
	测试集	30.6	66.25	64.37

四种扭矩分类粒度下，不同预处理方式对 sEMG 信号应用卷积神经网络的训练结果和测试结果明显不同。结果表明，预处理可以显著提升神经网络预测准确率。在训练集中，当扭矩分类粒度为 5 时，准确率平均提高 11.82 个百分点；当扭矩分类粒度为 10 时，准确率平均提高 10.57 个百分点；当扭矩分类粒度为 15 时，准确率平均提高 9.57 个百分点；当扭矩分类粒度为 20 时，准确率平均提高

31.63 个百分点。在测试集中，当扭矩分类粒度为 5 时，准确率平均提高 10.63 个百分点；当扭矩分类粒度为 10 时，准确率平均提高 14.38 个百分点；当扭矩分类粒度为 15 时，准确率平均提高 9.55 个百分点；当扭矩分类粒度为 20 时，准确率平均提高 34.71 个百分点。

在不同扭矩粒度和不同预处理方式下，预测扭矩标签的准确率明显不同，如图 7.11 所示。对 sEMG 信号进行预处理能显著提升预测准确率，提高扭矩识别精度，测试准确率平均提高约 15%。虽然 5Hz 零相移低通滤波处理已被证明可以模拟肌肉特征，但当扭矩粒度细化时，5Hz 零相移低通滤波处理对精度的提高没有显著影响，甚至会降低测试准确率。这是因为在此次实验中，实验人员使用了中介工具(螺栓装配扳手)，间接增加了肌肉力量，影响了低通滤波预处理的效果。

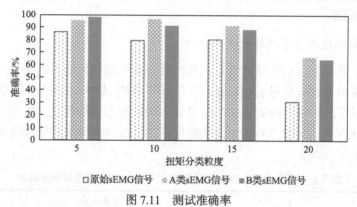

图 7.11　测试准确率

3. 神经网络池化方式分析

sEMG 信号是多通道一维时序信号，而制作的肌电图为包含时间序列的二维图像信息。进行池化操作时，采用平均池化方式有利于增强池化层之间的关系，平滑地提取输入信息的特征，更好地表达输入信息的连续性；采用最大池化方式可以降低数据噪声，在处理图像信息方面更具优势。因此，本节分析平均池化方式和最大池化方式对 sEMG 信号估计装配扭矩的影响情况。

平均池化计算方法见式(7.3a)，该方法计算设定尺寸中全部特征的平均值，并应用平均值表达设定尺寸中的全部特征。最大池化计算方法见式(7.3b)，该方法选择规定矩阵中的最大值作为特征值代表该矩阵。

$$M_j = \mathrm{Tanh}\left(\beta \sum_{n \times n} M_i^{n \times n} + b\right) \tag{7.3a}$$

$$M_j = \sum_{n \times n} \max(M_i^{n \times n}) \tag{7.3b}$$

式中，M_j 为输入特征；$M_i^{n \times n}$ 为 M_j 的子矩阵；$n \times n$ 为设定尺寸；b 为偏差；β 为

可训练系数。

图 7.12 给出了不同池化方式下 2D CNN 模型的准确率及损失函数曲线。当扭

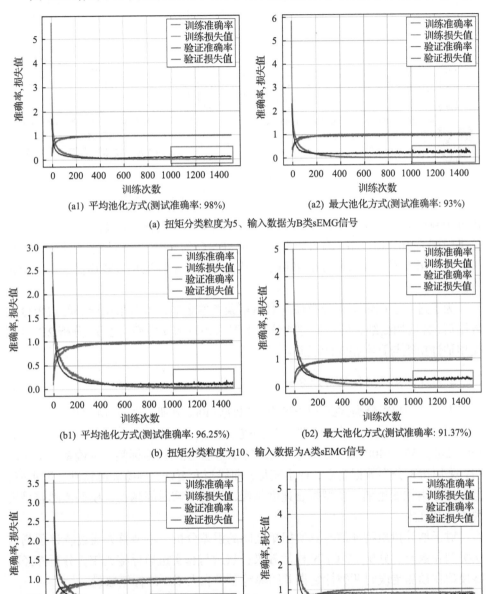

(a1) 平均池化方式(测试准确率: 98%)　　(a2) 最大池化方式(测试准确率: 93%)

(a) 扭矩分类粒度为5、输入数据为B类sEMG信号

(b1) 平均池化方式(测试准确率: 96.25%)　　(b2) 最大池化方式(测试准确率: 91.37%)

(b) 扭矩分类粒度为10、输入数据为A类sEMG信号

(c1) 平均池化方式(测试准确率: 91%)　　(c2) 最大池化方式(测试准确率: 85%)

(c) 扭矩分类粒度为15、输入数据为A类sEMG信号

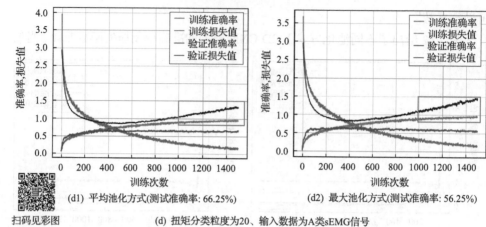

(d1) 平均池化方式(测试准确率: 66.25%)　　　　　(d2) 最大池化方式(测试准确率: 56.25%)

扫码见彩图　　　　(d) 扭矩分类粒度为20、输入数据为A类sEMG信号

图 7.12　不同池化方式下 2D CNN 模型准确率及损失函数曲线

矩分类粒度为 5、输入数据为 B 类 sEMG 信号时,平均池化的效果最好;当扭矩分类粒度为 10、15、20,输入数据为 A 类 sEMG 信号时,同样是平均池化的效果最好。结果发现,在预测准确率和收敛速度方面,平均池化方式均优于最大池化方式。

为了进一步探索不同分类粒度对扭矩误差的影响,本节采用全部的扭矩分类数据集,并应用更细化的扭矩分类粒度来训练 2D CNN 模型。之后,分析 2D CNN 模型估计扭矩与真实扭矩的误差。

4. 2D CNN 模型扭矩估计分析

下面采用扭矩分类数据集中全部样本数据(4000 张肌电图)预测扭矩分类粒度,来分析估计扭矩误差。图 7.13 进一步比较了扭矩分类粒度为 25、30、50、75、100、150、200、350、400 和 500 时应用 2D CNN 模型预测扭矩标签的准确率。结果表明,采用扭矩分类数据集后,样本充足,曲线拟合更好,训练和测试准确率更高;但扭矩分类粒度越细,模型拟合速度越慢,训练所需时间越长,模型依然容易出现过拟合现象。

对于估计扭矩特征值与真实扭矩之间的误差分析,本节首先通过统计预测错误类型和数量,分析 2D CNN 模型效果;然后与真实扭矩标签比较,分析神经网络模型在预测错误时两类标签误差间隔等于 1 和大于 1 的标签数量。

表 7.2 给出了不同扭矩分类粒度预测标签的错误数量。可见随着扭矩分类粒度的细化,两类标签误差间隔等于 1 的标签数量逐渐增多,并且当扭矩分类粒度大于 75 时,两类标签误差间隔为 1 的标签数量明显增多。当扭矩分类粒度为 5、11、15、20、25、30、75 时,两类标签误差间隔大于 1 的标签数量为 0;当扭矩分类粒度大于 200 时,两类标签误差间隔大于 1 的标签数量急剧增多。

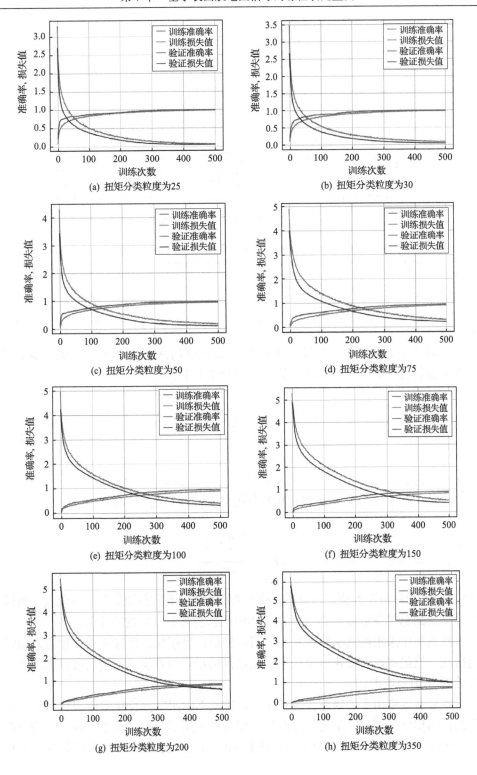

(a) 扭矩分类粒度为25

(b) 扭矩分类粒度为30

(c) 扭矩分类粒度为50

(d) 扭矩分类粒度为75

(e) 扭矩分类粒度为100

(f) 扭矩分类粒度为150

(g) 扭矩分类粒度为200

(h) 扭矩分类粒度为350

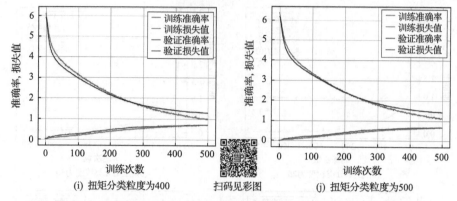

(i) 扭矩分类粒度为400　　　扫码见彩图　　　(j) 扭矩分类粒度为500

图 7.13　更细化的扭矩分类粒度 2D CNN 模型准确率及损失函数曲线

表 7.2　不同扭矩分类粒度预测标签的错误数量

扭矩分类粒度	5	11	15	20	25	30	50	75	100	150	200	350	400	500
标签误差间隔 = 1	0	2	2	19	11	10	29	32	45	62	96	102	116
标签误差间隔 >1	0	0	0	0	0	0	2	1	6	6	19	28	27

　　针对扭矩误差分析，本节计算了装配扭矩类型的特征值，并与真实扭矩之间的误差进行比较。预测扭矩特征值的计算公式如下：

$$T_k = \frac{\sum\limits_{j=1}^{N_k} T_j}{N_k} \tag{7.4}$$

式中，k 为扭矩标签的序号；N_k 为 k 标签范围内的总样本数量；T_j 为第 j 个扭矩值。

　　应用式(7.5)，实现对预测扭矩特征值和真实标签之间的误差分析：

$$\Delta k = \frac{\sum\limits_{i=1}^{N} \left| T_i - T_i^k \right|}{N} \tag{7.5}$$

式中，Δk 为扭矩误差值；T_i 为对应第 i 张肌电图的真实扭矩值；N 为误差分析所用测试集的总样本数量；T_i^k 为第 i 张肌电图预测标签对应的特征值。

　　测试集中采集的真实扭矩和预测扭矩接近，且扭矩粒度细化程度越高，曲线越接近。这说明通过扭矩分类粒度标签估计的扭矩与真实扭矩接近可以实现装配螺栓的力/力矩监测。

　　本节通过应用平均误差和最大误差，比较不同扭矩分类粒度在 2D CNN 模型下的预测扭矩与真实扭矩之间的误差，如表 7.3 所示。值得注意的是，在进行误差分析时，使用了 11 扭矩分类粒度代替 10 扭矩分类粒度，分析原因是在建立扭矩分类数据集时，真实扭矩被控制在 10N·m 倍数范围内。因此，使用 10 扭矩分类粒度进行误差分析并没有实际意义。在粗扭矩分类粒度下，预测扭矩误差较大，但卷积神经网络模型训练速度曲线拟合快。细分类粒度的模型估计扭矩效果较好，但随着分类粒度的细化，模型精度降低，最大误差逐渐增大，当分类粒度过细时，估计扭矩误差会重新增大。针对上述问题，本节提出了 MSP-CNN 模型，可在不增加神经网络层数的情况下提高估计扭矩的效果。

表 7.3　不同扭矩分类粒度的估计扭矩误差

扭矩分类粒度	平均误差/(N·m)	最大误差/(N·m)
5	2.488	4.239
11	1.234	2.292
15	0.854	4.399
20	0.861	1.588
25	0.479	2.216
30	0.333	1.428
50	0.249	4.361
75	0.174	0.759
100	0.133	2.743
150	0.092	0.945
200	0.07	0.745
350	0.055	6.033
400	0.057	5.9
500	0.049	5.009

5. MSP-CNN 模型扭矩估计分析

MSP-CNN 模型应用不同扭矩分类粒度的 2D CNN 模型，预测同一张肌电图，分别输出扭矩信息，并根据式 (7.4) 计算得到特征值 T_m 和 T_n。将 $(T_m+T_n)/2$ 用于 MSP-CNN 模型的扭矩估计。该方法可以有效地避免因细化扭矩分类粒度而出现的模型训练过拟合现象。

如表 7.4 所示，相比对应的 2D CNN 模型，扭矩分类粒度相邻的 MSP-CNN 模型扭矩误差进一步降低；并且当扭矩分类粒度较粗时，MSP-CNN 模型估计的扭矩误差优化更明显。

图 7.14 为不同方式扭矩分类粒度组合下 MSP-CNN 模型对扭矩误差的影响。其中圆圈标注位置为 MSP-CNN 模型预测结果优于 2D CNN 模型的扭矩分类粒度。结果证明，当组合的两类扭矩分类粒度最接近时，估计效果最好，扭矩误差最小；当两类扭矩分类粒度间隔较大时，扭矩误差提升不明显并且两个扭矩分类粒度相差过大，MSP-CNN 模型预测效果逐渐减弱。

表 7.4　不同扭矩分类粒度组合的 MSP-CNN 模型和 2D CNN 模型扭矩误差

扭矩分类粒度	扭矩误差/(N·m)	扭矩分类粒度	扭矩误差/(N·m)
11(2D CNN)	1.234	75(2D CNN)	0.1739
15(2D CNN)	0.854	100(2D CNN)	0.133
11 和 15 组合(MSP-CNN)	0.643	75 和 100 组合(MSP-CNN)	0.105
20(2D CNN)	0.861	150(2D CNN)	0.092
25(2D CNN)	0.479	200(2D CNN)	0.070
20 和 25 组合(MSP-CNN)	0.428	150 和 200 组合(MSP-CNN)	0.058
30(2D CNN)	0.333	350(2D CNN)	0.055
50(2D CNN)	0.249	400(2D CNN)	0.057
30 和 50 组合(MSP-CNN)	0.216	350 和 400 组合 (MSP-CNN)	0.045

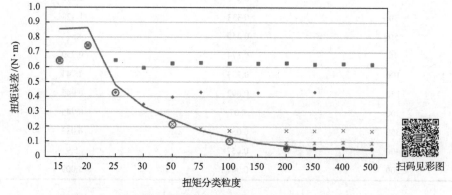

扫码见彩图

- —— 2D CNN
- ■ 和11扭矩分类粒度组合的MSP-CNN
- ◆ 和20扭矩分类粒度组合的MSP-CNN
- × 和30扭矩分类粒度组合的MSP-CNN
- ✶ 和75扭矩分类粒度组合的MSP-CNN
- ● 和150扭矩分类粒度组合的MSP-CNN

图 7.14　2D CNN 模型及不同扭矩分类粒度组合的 MSP-CNN 模型估计扭矩的误差

　　为了解决由扭矩分类粒度差距过大导致 MSP-CNN 模型优化效果不明显的问题，MSP-CNN 模型采用了相同分类粒度，但扭矩范围不同于 CNN 模型组合。首先，设定新的扭矩范围，与原始的扭矩范围相差一半，例如，在 5 扭矩分类粒度下，将扭矩量程划分为 $[5, 15)$、$[15, 25)$、$[25, 35)$、$[35, 45)$、$[45, 55)$。然后，采用两个 2D CNN 模型分别训练新的数据集和原始数据集。测试时，两个 2D CNN 模型预测最大概率的扭矩标签，并分别计算得到扭矩特征值 T_m、T_m'。最后，将 $(T_m + T_m') / 2$ 作为 MSP-CNN 模型预测的扭矩值。

　　表 7.5 给出了相同扭矩分类粒度的 MSP-CNN 模型和 2D CNN 模型的估计扭矩误差。可见在相同的扭矩分类粒度下，MSP-CNN 模型与 2D CNN 模型相比可

以明显减少扭矩估计的误差。MSP-CNN 模型的估计扭矩在 25、50、100 扭矩分类粒度下的误差分别为 0.243N·m、0.137N·m、0.070N·m，优于 2D CNN 模型。

表 7.5　相同扭矩分类粒度的 MSP-CNN 模型和 2D CNN 模型的估计扭矩误差

扭矩分类粒度	扭矩误差/(N·m)	扭矩分类粒度	扭矩误差/(N·m)
25(2D CNN)	0.479	100(MSP-CNN)	0.070
25(MSP-CNN)	0.243	200(2D CNN)	0.070
50(2D CNN)	0.249	200(MSP-CNN)	0.043
50(MSP-CNN)	0.137	400(2D CNN)	0.057
100(2D CNN)	0.133	—	—

图 7.15 给出了 2D CNN 模型和 MSP-CNN 模型下的最大扭矩误差和平均扭矩误差。可见在相同扭矩分类粒度下，MSP-CNN 模型的最大误差、平均误差均低于 2D CNN 模型。在 25、100、200 扭矩分类粒度时，MSP-CNN 模型优于更细分类的 2D CNN 模型。这是因为扭矩分类粒度细化影响了卷积神经网络训练曲线，造成网络准确率下降，而 MSP-CNN 模型通过采用较粗的扭矩分类粒度，得到了细扭矩分类粒度的效果。

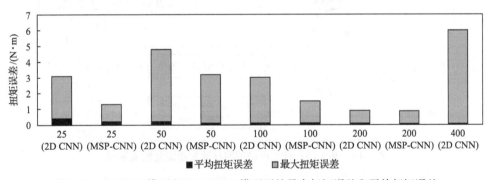

图 7.15　2D CNN 模型和 MSP-CNN 模型下的最大扭矩误差和平均扭矩误差

7.3　基于回归神经网络的螺栓装配扭矩监测

实时性是评价装配监测效果的重要指标，而回归神经网络相比分类神经网络实时性更高并且能直接输出预测扭矩值。因此，本节应用回归神经网络，采用 sEMG 信号和惯性信号组合的形式，直接输出预测扭矩，实现螺栓装配扭矩监测。其中，sEMG 信号用于表达人体肌肉特性，惯性信号用于表达装配力臂变化。

7.3.1　基于回归神经网络的螺栓装配扭矩监测流程

基于回归神经网络的螺栓装配扭矩监测流程如图 7.16 所示。首先，采用 Myo 臂环采集 sEMG 信号和惯性信号，应用扭矩传感器收集装配拧紧螺栓时产生的扭矩信号。然后，对 sEMG 信号、惯性信号、扭矩信号进行预处理工作，制作扭矩回归数据集。其中 sEMG 信号和惯性信号作为输入，扭矩信号作为输出。接着，应用扭矩回归数据集训练本节提出的两种回归神经网络模型，并保存最优的模型参数。最后，应用训练好的神经网络模型监测螺栓装配扭矩。

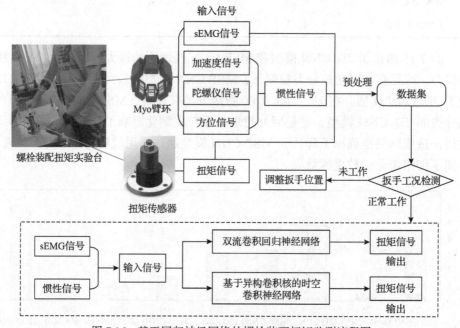

图 7.16　基于回归神经网络的螺栓装配扭矩监测流程图

在监测阶段，操作者佩戴 Myo 臂环，首先使用工业相机分析扳手和螺栓之间的位置关系，判断扳手工作情况，确保螺栓装配操作正常。然后采用训练好的网络模型通过 Myo 臂环采集的 sEMG 信号和惯性信号实时预测装配扭矩并判断螺栓装配情况。

7.3.2　回归神经网络模型

本节提出 Het-TCN 和双流 CNN 两类模型，用于实现螺栓装配扭矩监测。

1. Het-TCN 模型

Het-TCN 模型主要采用时空卷积神经网络(TCN)和异构卷积核(Het-Conv)。

TCN 主要由因果卷积、残差连接和膨胀卷积三部分组成。因果卷积属于单向结构，主要负责处理时序特征的序列信息。如图 7.17(a) 所示，在因果卷积中，隐藏层 2 中 t 时刻的特征值只与隐藏层 1 中的特征值和隐藏层 3 中的特征值相关，相同层不同时刻的特征值没有联系。残差连接是残差网络的主要结构，能够有效地解决模型深度导致预测精度下降的问题。如图 7.17(b) 所示，在残差连接中，输入层特征通过 1×1 的卷积核提取特征后直接与隐藏层 2 的特征融合。膨胀卷积通过增大膨胀系数使卷积计算可以忽略一部分特征，以增大卷积感受野。如图 7.17(c) 所示，在膨胀卷积计算中，采样特征存在 d 个间隔，即每选取的两个特征值之间间隔 $d-1$ 个特征值。第 n 个隐藏层中，采样间隔为 2^{n-1}。

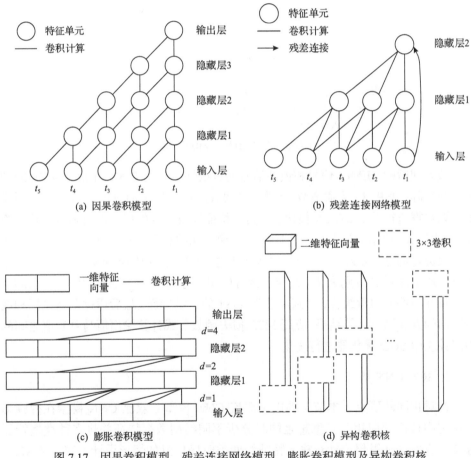

(a) 因果卷积模型

(b) 残差连接网络模型

(c) 膨胀卷积模型

(d) 异构卷积核

图 7.17　因果卷积模型、残差连接网络模型、膨胀卷积模型及异构卷积核

Het-Conv 针对输入特征的不同通道数采用不同尺寸的卷积计算方式。如图 7.17(d) 所示，每次使用卷积提取特征时，对图像中一部分通道特征值采用 3×3 卷积计算，其余通道的特征值采用 1×1 卷积计算。该方法可以在减少计算成

本和参数的同时，提高估计精度。因采集惯性信号的频率为 50Hz，为保证装配扭矩的实时性，扭矩输出频率确定为 10Hz，即惯性信号平均 5 个特征值作为输入估计 1 个装配扭矩。

由于本节输入特征存在时序(宽度)短、通道数多的特点，采用膨胀卷积会减少大部分特征，并且对短宽度特征增大感受野效果并不明显。针对上述问题，将异构卷积计算应用在本节中。如图 7.18 所示，因输入特征(sEMG 信号与惯性信号组合)的每一通道特征均与其他通道表达内容不同，应用尺寸为 3 的一维卷积核，提取不同通道的特征，其中两个通道向量的间隔为 d，其他通道用尺寸为 1 的一维卷积核计算后将全部通道特征组合，记为异构卷积核的一次计算。

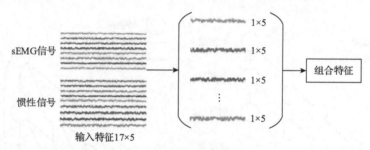

图 7.18　本节设计的异构卷积核

预处理后的 sEMG 信号和惯性信号通过线性组合的方式，生成尺寸为 5×17 的特征矩阵，其中 17 为通道数，5 为矩阵宽度。本节提出的 Het-TCN 模型包括用于提取数据特征的 Het-TCN 模块，将高维特征展成一维的展平模块和全连接层模块，如图 7.19 所示。其中，三层 Het-TCN 模块如图右侧所示。首先将组合特征按通道数进行拆分，分为 17 个 1×5 的特征向量；然后应用 Het-Conv 计算 17 个特征向量，通道间隔 d 分别为 1、2、4；接着应用尺寸为 1 的一维卷积处理其余的特征向量并与特征向量组合，得到尺寸为 80×1 的一维特征；最后通过全连接层和线性回归的方法输出计算结果，应用 MSE 损失函数公式计算输出值与真实值之间的距离并应用 SGD 优化器进行优化。

2. 双流 CNN 模型

针对相同的研究，本节又提出了双流 CNN 模型。双流 CNN 模型在视频动作识别中被广泛应用，其思想是同时分析不同类型数据特征并将多种类型特征融合。应用这种思想，针对输入特征为两类时序信息的情形设计了双流 CNN。基于 sEMG 信号和惯性信号分别进行卷积计算并得到特征值，然后将特征值进行线性融合，最后经全连接层计算并通过线性回归得到输出特征。具体的网络结构如图 7.20 所示。

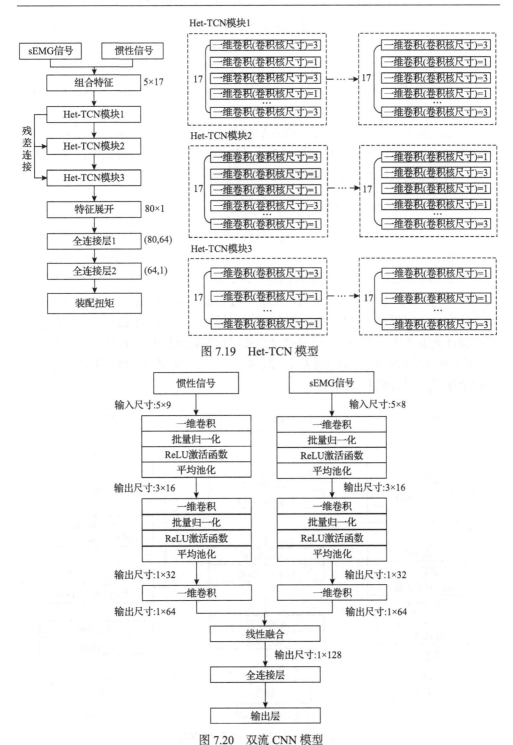

图 7.19　Het-TCN 模型

图 7.20　双流 CNN 模型

sEMG 信号的输入尺寸为 5×8，其中 5 为输入信号长度，8 为通道数。惯性信号的输入尺寸为 5×9，其中 5 为输入信号长度，9 为通道数。sEMG 信号和惯性信号分别通过卷积核尺寸为 3、填充层尺寸为 1 的卷积层进行特征计算，得到尺寸为 5×16 的特征值，再进行批量归一化处理。最后通过 ReLU 激活函数进行连接，并应用平均池化计算得到特征值。

经过两次上述步骤后，通过一维卷积计算，得到尺寸为 1×64 的一维特征。两类一维特征通过线性融合，得到尺寸为 1×128 的组合特征并对特征进行全连接层计算，最后通过线性回归得到输出扭矩。

3. 传统回归神经网络模型

图 7.21 展示了 CNN、LSTM 神经网络、TCN 三类传统回归神经网络模型的比较结果。CNN 采用卷积核尺寸为 3、填充层尺寸为 1 的一维卷积计算，卷积核尺寸为 3、填充层尺寸为 1 的平均池化计算。首先通过两次一维卷积、批量归一化、ReLU 激活和平均池化后得到特征值，再通过全连接层后输出。在 LSTM 神经网络中，采用两层 LSTM 神经元进行特征计算并通过 Tanh 激活函数连接，将输出特征先展平成一维特征，再通过全连接层计算输出结果。在 TCN 模型中，三层 TCN 模块膨胀卷积尺寸分别为 1、2、4，三层 TCN 模块应用残差连接组合，通过全连接预测后输出特征值。

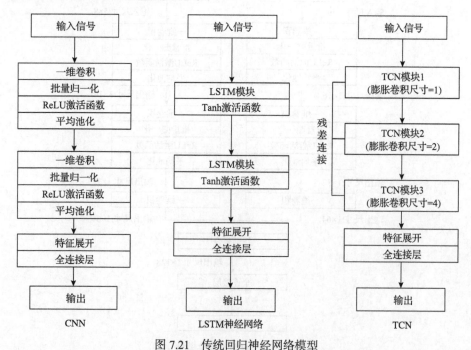

图 7.21 传统回归神经网络模型

7.3.3 实验及结果分析

1. 扭矩回归数据集预处理

在应用回归神经网络直接估计装配扭矩之前，需要将采集的扭矩信息进行预处理，具体步骤如下。

(1) 应用 50Hz 低通陷波器处理采集扭矩，消除本地工频对信号采集的影响。

(2) 应用 30Hz 零相移高通滤波扭矩信息进行运动劣迹清除。

(3) 对扭矩信息进行特征提取。因为扭矩传感器设定的采集频率是 1000Hz，设定回归神经网络预测频率为 10Hz。每 100 个扭矩值计算得到一个扭矩特征值，即

$$\bar{T} = \sum_{i=1}^{100} T_i \tag{7.6}$$

该值与预处理后的 sEMG 信号、惯性信号对应。其中，$\bar{T}$ 表示扭矩特征值，T_i 表示特征提取时第 i 个扭矩值。

(4) 应用归一化处理扭矩特征值，消除向量影响。

为了分析 sEMG 信号融合惯性信号后对装配扭矩回归的影响，本节进一步将扭矩回归数据集划分为数据集 1 和数据集 2，其中数据集 1 单独使用 sEMG 信号作为输入信息，扭矩数据作为输出信息；数据集 2 使用 sEMG 信号和惯性信号共同作为输入信息，扭矩数据作为输出信息。

2. 回归神经网络模型预测效果分析

本节采用两类评价指标分析回归神经网络的性能，分别为均方根误差 (RMSE) 和确定系数 (R^2)。其中，式 (7.7) 为 RMSE 计算公式，通过比较 RMSE 可以分析神经网络回归性能，数值越小说明预测值与真实值越接近；式 (7.8) 为 R^2 计算公式，通过比较 R^2 可以分析输入信息和输出信息的相关度，当数值大于 0.4 时表明输入信息和输出信息具有相关性，数值越大说明相关性越密切。应用这两类评价指标分析输入数据类型对神经网络预测精度的影响。

$$\text{RMSE} = \sqrt{\frac{\sum_{i=1}^{n}(y_i - \hat{y}_i)^2}{n}} \tag{7.7}$$

$$R^2 = \left[1 - \frac{\sum_{i=1}^{n}(y_i - \hat{y}_i)^2}{\sum_{i=1}^{n}(y_i - \overline{y})^2} \right]^2 \tag{7.8}$$

式中，y_i 为第 i 个真实值；$\hat{y}_i$ 为第 i 个预测值；n 为样本数据总数；$\bar{y}$ 为样本数据均值。

　　为了验证惯性信号对扭矩监测的有效性，本节首先测试了只应用 sEMG 信号作为输入的回归效果。首先应用数据集 1，即单独应用 sEMG 信号作为输入，进行扭矩回归实验。采用的神经网络为 CNN、LSTM 神经网络和 TCN，输入特征尺寸为 5×8，其中 5 为宽度，8 为通道数。应用 RMSE 和 R^2 分析实验回归的输出与真实输出。表 7.6 为计算得到的 RMSE 和 R^2 评价标准。通过分析发现，应用三类神经网络计算得到的 R^2 远低于 0.4 并且 RMSE 最小为 19.62%，说明单独使用 sEMG 信号，不同类型神经网络都无法回归装配扭矩。

表 7.6　单独应用 sEMG 信号的评价结果

评价标准	CNN	LSTM 神经网络	TCN
RMSE/%	19.62	21.46	19.63
R^2	0.11	0.04	0.11

　　图 7.22 为单独应用 sEMG 信号作为输入的预测扭矩和真实扭矩，散点表示传统模型不同时刻预测的扭矩，曲线表示实验过程中扭矩传感器采集的真实扭矩。通过比较散点与曲线的接近程度可以发现，单独应用 sEMG 信号作为输入，预测扭矩精度低，并且随着真实扭矩的增大，预测扭矩变化率大，回归效果差。

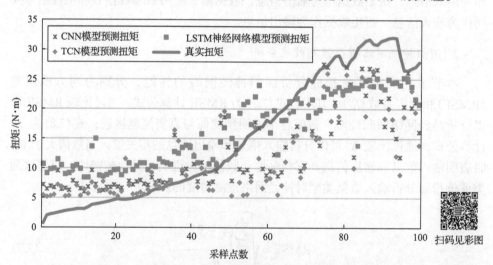

图 7.22　单独应用 sEMG 信号作为输入的预测扭矩和真实扭矩

　　这是因为扭矩由力和力臂两个因素共同决定，sEMG 信号反映人体肌力变化，惯性信号反映装配力臂变化。在操作人员手握装配工具位置不同的情况下，单独应用 sEMG 信号无法回归扭矩，需要增加新的输入特征来表达力臂的变化。

通过代表力的特征信息和代表力臂的特征信息共同作用,才能实现装配扭矩回归。

针对上述情况,本节在 sEMG 信号的基础上增加惯性信号(数据集 2),进行装配扭矩回归。采用 CNN、LSTM 神经网络和 TCN 以及本节中提出的双流 CNN 和 Het-TCN 五类神经网络模型实现装配扭矩的回归。因为惯性信号由加速度信号、陀螺仪信号、方位信号三类信号共同组成,为分析每个信号对扭矩的影响,本实验分析了四种情况,即 sEMG 信号分别与加速度信号、陀螺仪信号、方位信号和惯性信号组合作为输入。

sEMG 信号和惯性信号组合作为输入的预测结果如表 7.7 所示。将 sEMG 信号和陀螺仪信号组合作为输入进行扭矩回归时,CNN、LSTM 神经网络、TCN、双流 CNN 和 Het-TCN 的 R^2 分别为 0.16、0.25、0.26、0.26、0.29。与单独应用 sEMG 信号相比有明显提升,但均低于 0.4,回归效果较差。sEMG 信号分别与加速度信号、方位信号结合时,R^2 均高于 0.4,并且采用 sEMG 信号和方位信号作为组合输入,应用 Het-TCN 神经网络效果最好,RMSE 为 9.18%,R^2 为 0.72。

表 7.7　sEMG 信号和惯性信号组合作为输入的预测结果

输入数据	评价标准	神经网络类型				
		CNN	LSTM 神经网络	TCN	双流 CNN	Het-TCN
sEMG 信号和陀螺仪信号	RMSE/%	18.40	16.91	16.70	16.68	16.21
	R^2	0.16	0.25	0.26	0.26	0.29
sEMG 信号和加速度信号	RMSE/%	11.17	12.56	10.52	10.09	11.20
	R^2	0.61	0.52	0.65	0.67	0.61
sEMG 信号和方位信号	RMSE/%	12.11	11.75	11.60	12.00	9.18
	R^2	0.56	0.57	0.58	0.56	0.72
sEMG 信号和惯性信号	RMSE/%	14.94	14.37	10.77	9.47	9.84
	R^2	0.38	0.41	0.64	0.71	0.69

本节还分析网络预测结果与真实结果之间的误差离散分布。使用 sEMG 信号和陀螺仪信号组合后,R^2 低于 0.4,预测装配扭矩误差过大。图 7.23 为 sEMG 信号和惯性信号中不同类型信号组合作为输入时的误差箱体图。比较发现,Het-TCN 模型在三种情况均能取得良好效果,且误差范围小,平均值点和中值点离原点最为接近。

通过上述实验,综合比较误差图和两类评价指标得到以下结论。

(1)将 sEMG 信号和惯性信号组合可以实现装配扭矩的回归。其中 sEMG 信号和加速度信号或方位信号组合时,效果最为明显且 R^2 均高于 0.4。

(2)Het-TCN 模型和双流 CNN 模型的回归效果有明显提升,其中 Het-TCN 综

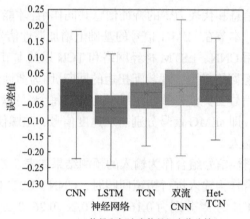

(a) sEMG信号和加速度信号组合作为输入

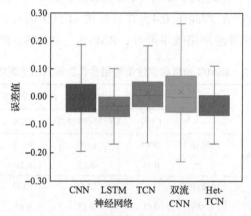

(b) sEMG信号和方位信号组合作为输入

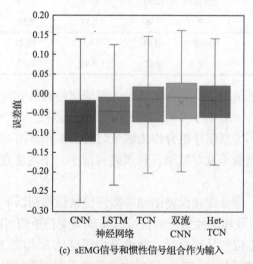

(c) sEMG信号和惯性信号组合作为输入

图 7.23　sEMG 信号和惯性信号组合作为输入的误差箱体图

合性能最好，并且在 sEMG 信号和方位信号组合作为输入时效果最佳，RMSE 为 9.18%，R^2 为 0.72。

3. 预测扭矩的误差分析

本节将预测值转换为真实扭矩，并进行扭矩误差分析。首先采用式(7.9)计算测试集的平均扭矩误差，通过平均扭矩误差分析网络模型回归装配扭矩时的通用性能。

$$\eta = \sum_{i=0}^{n} \frac{\left| T_i' - T_i \right|}{n} \tag{7.9}$$

式中，T_i' 为回归神经网络预测的第 i 个扭矩值；T_i 为采集的第 i 个真实扭矩。

然后将被测扭矩分为大于 25N·m 和小于 25N·m 两类，通过式(7.10)计算预测扭矩误差，并分别记为 η_h 和 η_l。通过上述两类误差分析网络模型在处理较大扭矩和较小扭矩时网络模型的识别效果。

$$\eta_h = \sum_{i=0}^{n} \frac{\left| T_{hi}' - T_{hi} \right|}{n}$$
$$\eta_l = \sum_{i=0}^{n} \frac{\left| T_{li}' - T_{li} \right|}{n} \tag{7.10}$$

式中，T_{hi}' 为被测扭矩大于 25N·m 时预测的第 i 个扭矩值；T_{hi} 为被测扭矩大于 25N·m 时第 i 个真实扭矩；T_{li}' 为被测扭矩小于 25N·m 时预测的第 i 个扭矩值；T_{li} 为被测扭矩小于 25N·m 时第 i 个真实扭矩。

采用上述误差分析方法，分析数据集 2 应用不同类型神经网络的回归效果，如表 7.8 所示。

表 7.8　预测扭矩误差　　　　　(单位：N·m)

输入类型	扭矩误差	CNN	LSTM 神经网络	TCN	双流 CNN	Het-TCN
sEMG 信号和加速度信号	η	3.85	4.72	3.39	3.67	3.57
	η_h	6.13	7.22	6.45	5.16	8.00
	η_l	3.35	2.47	2.72	3.34	2.59
sEMG 信号和方位信号	η	3.90	4.71	3.67	4.17	3.31
	η_h	7.89	6.20	7.30	8.18	5.88
	η_l	3.03	4.38	2.87	3.29	2.74
sEMG 信号和惯性信号	η	5.32	4.08	3.51	3.31	3.28
	η_h	7.79	6.94	6.53	5.53	5.55
	η_l	4.78	3.48	2.85	2.82	2.74

在 sEMG 信号单独和加速度信号组合作为输入的情况下，采用 TCN 模型时，平均扭矩误差最小，为 3.39N·m；采用 LSTM 神经网络模型时，被测扭矩小于 25N·m 的扭矩误差最小，为 2.47N·m；采用双流 CNN 模型时，被测扭矩大于 25N·m 的扭矩误差最小，为 5.16N·m。

在 sEMG 信号单独和方位信号组合作为输入的情况下，采用 Het-TCN 模型在平均扭矩误差、被测扭矩小于 25N·m 时的扭矩误差和被测扭矩大于 25N·m 时的扭矩误差指标中均取得最优效果。

在 sEMG 信号和惯性信号组合作为输入的情况下，采用 Het-TCN 模型时，平均扭矩误差最小，为 3.28N·m；采用双流 CNN 模型时，被测扭矩大于 25N·m 时扭矩误差最小，为 5.53N·m；采用 Het-TCN 模型时，被测扭矩小于 25N·m 时扭矩误差最小，为 2.74N·m。

图 7.24 显示了不同类型信号作为输入的预测扭矩和真实扭矩。随机选取一次螺栓装配动作的 sEMG 信号和惯性信号，通过回归神经网络预测扭矩和真实扭矩的对比，发现应用 sEMG 信号和惯性信号可以回归装配扭矩。相比单独应用 sEMG 信号，将 sEMG 信号和惯性信号组合，更适合装配扭矩的回归。

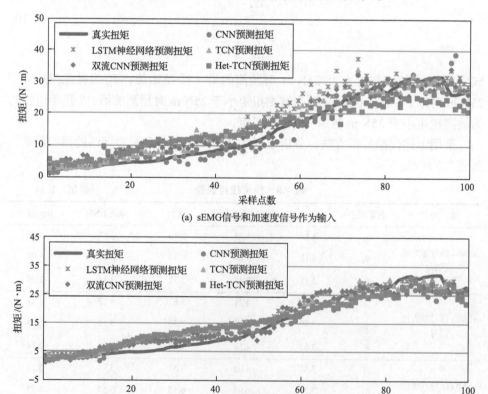

(a) sEMG信号和加速度信号作为输入

(b) sEMG信号和方位信号作为输入

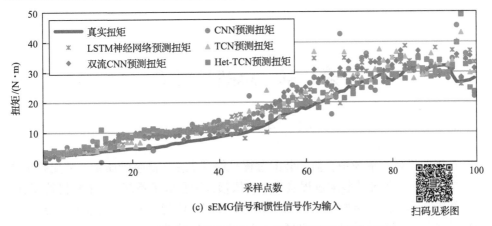

(c) sEMG信号和惯性信号作为输入

扫码见彩图

图 7.24　不同类型信号作为输入的预测扭矩和真实扭矩

通过以上分析可以得出，本节提出的双流 CNN 模型和 Het-TCN 模型与上述其他模型相比，均具有明显优势。其中，Het-TCN 模型回归装配扭矩时，平均扭矩误差最小，综合性能最好。

第8章 总结与展望

8.1 本书总结

在当前机械制造业中,监测装配过程是保证机械产品装配质量、装配效率的关键措施之一。传统的装配过程监测过度依赖人工且效率不高,本书将机器视觉、人工智能技术应用于装配过程监测,研究了装配体监测、装配操作监测、装配力/力矩监测等,相关技术可用于机械装配过程的智能化监测。

本书相关研究工作和主要贡献如下。

(1)采用语义分割技术,通过检测装配过程的深度图像并识别图像内已装配零件,实现了装配体监测。本书构建了装配体深度图像标记样本库,包括合成深度图像标记样本库和真实深度图像标记样本库。在构建合成深度图像标记样本库时,首先建立了装配体三维模型并利用颜色标记各零件模型;然后利用 OSG 三维渲染引擎,合成模型深度图像及对应的颜色标签图像;最后旋转模型获取不同视角下的深度图像及颜色标签图像。在构建真实深度图像标记样本库时,首先利用 Kinect 2.0 深度传感器采集真实装配体深度图像并进行空洞填充及平滑处理;然后采用人工标记法标记各零件;最后整理不同视角下的真实深度图像与颜色标签图像。

(2)提出基于传统特征提取算法和随机森林分类器的装配体语义分割技术,实现装配体深度图像的语义分割,分割、识别已装配零件,实现装配体监测。首先在经典 LBP 算子的基础上加入起始像素点数、每个中心像素点的邻域数以及每个邻域所产 LBP 的数量等特征,提出 PX-LBP 算子,实现了基于 LBP 算子的像素分类;然后在继承了经典深度差分特征提取算法的基础上引入了边缘因子,提出了对经典深度差分特征提取的改进算法,并利用该算法实现了深度图像的像素分类;接着构建了随机森林分类器,并通过实验确定各相关参数,输出像素分类预测图像,实现装配体深度图像像素分类;最后提出基于深度图像的零件识别及装配监测方法。另外,对比像素预测图像与颜色标签图像,实现对装配体各零件的判断;对比待测状态像素预测图像与正确装配像素预测图像,计算并分析前者相对于后者的像素重合率和像素减少率。

(3)研究基于深度学习的语义分割技术。首先,提出一种基于多跳跃式全卷积神经网络的装配体深度图像语义分割方法。该方法在全卷积神经网络的第二个最大池化层和第一个最大池化层引入跳跃结构,使网络融合更多的低阶特征。同时,提出基于可训练引导滤波器和多尺度特征图的装配体深度图像语义分割方法。该方法首先在全卷积神经网络的第二个最大池化层引入跳跃连接，弥补特征图在预测时细节信息不足的问题；然后通过卷积和非线性变化来加深网络模型的复杂度，提高模型的数据拟合能力，并改善图像分割边缘模糊的问题；最后融入多尺度特征图获取不同尺度的零件信息，加强对小零件的分割能力。之后，又提出一种基于 U-Net 的装配体深度图像轻量级语义分割方法，该方法在 U-Net 基础上融合改进的选择性核模块，使网络模型可以根据获得的信息自适应调整感受野的大小，提高了网络模型提取特征的效率。改进的选择性核模块同时也大大减少了模型的参数量，降低了计算复杂度，使网络模型更加轻量化。最后网络模型通过连接全连接条件随机场，可以改善分割图像的边缘。

（4）应用动作识别技术、目标检测技术和人体姿态估计技术，建立面向装配操作的一体化监测方法，改善了传统"人盯人"装配监测方法效率差且过度主观的问题。首先，提出一种改进的三维卷积神经网络模型，实现装配动作类型识别并用于装配操作监测。然后，应用 YOLOv3 目标检测算法，实现装配工具类型识别及位置标定，并通过与 R-CNN、Fast R-CNN 对比，证明 YOLOv3 目标检测算法识别准确率更高，实时性更好，更适用于装配监测场景。最后，应用人体姿态估计算法（OpenPose 算法），检测操作人员的骨骼节点，分析骨骼节点坐标变化，实现装配动作重复次数判断。

（5）面向螺栓装配场景，采用 sEMG 信号和惯性信号等运动信号，应用神经网络技术估计螺栓装配扭矩，实现装配力/力矩监测。首先，设计用于数据采集的螺栓装配扭矩实验台，制定实验台的使用要求，确定数据采集方法，建立扭矩分类、扭矩回归数据集，并且针对不同数据集和实验台的采样频率，分别应用不同的预处理方法。然后，提出一种单独采用 sEMG 信号，应用卷积神经网络估计扭矩分类粒度的方法，实现应用分类的方式监测螺栓装配扭矩，并提出 MSP-CNN 模型。最后，提出一种采用 sEMG 信号和惯性信号组合的输入信号，应用回归神经网络直接预测螺栓装配扭矩的方法，实现应用回归的方式监测螺栓装配扭矩，并提出两类神经网络模型。结果证明，提出的网络相比传统网络，预测扭矩误差更小，精度更高。

8.2　研究展望

本书应用机器视觉和人工智能技术，研究了一系列面向装配过程监测的技术和方法；并且针对装配体监测、装配操作监测和装配力/力矩监测三个方面，开展了系统研究，相关研究内容还可进一步深入和拓展。为此，提出以下几点展望。

（1）在机械装配体语义分割方法中，高精度的装配体语义分割方法往往分割速度较慢，而高速度的装配体语义分割方法则分割精度较低。因此，研究一种高速度、高精度的机械装配体语义分割方法是未来的重点研究内容之一。

（2）相比基于图像的语义分割方法，基于视频的语义分割方法不仅可以利用视频帧之间的时序信号提高分割精度，还可以利用视频帧之间的相似性降低计算量，加快模型分割速度。因此，研究基于视频的机械装配体语义分割方法，提高语义分割速度是未来发展方向之一。

（3）sEMG 信号能反映人体疲劳状态，如何监测操作人员装配疲劳损伤的问题有待研究；如何应用神经网络将人体特征与装配场景特征融合，监测装配过程，还有待研究；神经网络在训练和测试时均可以取得较好效果，但训练和测试时计算成本高，为了实现工程应用，如何将神经网络部署在廉价的计算机系统上，是需要进一步研究的问题。

参 考 文 献

[1] Ojala T, Pietikäinen M, Harwood D. A comparative study of texture measures with classification based on featured distributions[J]. Pattern Recognition, 1996, 29(1): 51-59.

[2] Ojala T, Pietikainen M, Maenpaa T. Multiresolution gray-scale and rotation invariant texture classification with local binary patterns[J]. IEEE Transactions on Pattern Analysis and Machine Intelligence, 2002, 24(7): 971-987.

[3] Liao S C, Zhu X X, Lei Z, et al. Learning multi-scale block local binary patterns for face recognition[C]. International Conference on Biometrics, Berlin, 2007: 828-837.

[4] 徐剑, 丁晓青, 王生进, 等. 一种融合局部纹理和颜色信息的背景减除方法[J]. 自动化学报, 2009, 35(9): 1145-1150.

[5] Heikkilä M, Pietikäinen M, Schmid C. Description of interest regions with local binary patterns[J]. Pattern Recognition, 2009, 42(3): 425-436.

[6] 胡敏, 滕文娣, 王晓华, 等. 融合局部纹理和形状特征的人脸表情识别[J]. 电子与信息学报, 2018, 40(6): 1338-1344.

[7] Shotton J, Fitzgibbon A, Cook M, et al. Real-time human pose recognition in parts from single depth images[C]. IEEE Computer Society Conference on Computer Vision and Pattern Recognition, Colorado Springs, 2011: 1297-1304.

[8] Lepetit V, Lagger P, Fua P. Randomized trees for real-time keypoint recognition[C]. IEEE Computer Society Conference on Computer Vision and Pattern Recognition, San Diego, 2005: 775-781.

[9] 林鹏, 张超, 李竹良, 等. 基于深度图像学习的人体部位识别[J]. 计算机工程, 2012, 38(16): 185-188.

[10] Keskin C, Kıraç F, Kara Y E, et al. Real time hand pose estimation using depth sensors[C]. IEEE International Conference on Computer Vision Workshops, Barcelona, 2011: 1228-1234.

[11] 张艳. 基于深度图像的人手关节点识别[D]. 镇江: 江苏科技大学, 2014.

[12] 张乐锋, 郑逸, 傅超. 用改进的深度差分特征识别人体部位[J]. 微型机与应用, 2015, 34(14): 54-57.

[13] Dalal N, Triggs B. Histograms of oriented gradients for human detection[J]. IEEE Computer Society Conference on Computer Vision and Pattern Recognition, San Diego, 2005: 886-893.

[14] Ninomiya H, Ohki H, Gyohten K, et al. An evaluation on robustness and brittleness of HOG features of human detection[C]. 17th Korea-Japan Workshop on Frontiers of Computer Vision, Ulsan, 2011: 1-5.

[15] Paisitkriangkrai S, Shen C, Zhang J. Performance evaluation of local features in human

classification and detection[J]. IET Computer Vision, 2008, 2(4): 236-246.

[16] Wu J F, Yang S, Zhang L L. Pedestrian detection based on improved HOG feature and robust adaptive boosting algorithm[C]. The 4th International Congress on Image and Signal Processing, Shanghai, 2011: 1535-1539.

[17] 顾志航, 陈淑荣. 一种基于 HOG 与 LSS 融合的行人检测算法[J]. 微型机与应用, 2016, 35(8): 37-39, 43.

[18] 万源, 李欢欢, 吴克风, 等. LBP 和 HOG 的分层特征融合的人脸识别[J]. 计算机辅助设计与图形学学报, 2015, 27(4): 640-650.

[19] Dang L, Bui B, Vo P D, et al. Improved HOG descriptors[C]. The Third International Conference on Knowledge and Systems Engineering, Hanoi, 2011: 186-189.

[20] 杨松, 李盛阳, 邵雨阳, 等. 基于改进 HOG 特征的建筑物识别方法[J]. 计算机工程与应用, 2018, 54(7): 196-200.

[21] Viola P, Jones M J. Robust real-time face detection[J]. International Journal of Computer Vision, 2004, 57(2): 137-154.

[22] Sivaraman S, Trivedi M M. A general active-learning framework for on-road vehicle recognition and tracking[J]. IEEE Transactions on Intelligent Transportation Systems, 2010, 11(2): 267-276.

[23] Sivaraman S, Trivedi M M. Looking at vehicles on the road: A survey of vision-based vehicle detection, tracking, and behavior analysis[J]. IEEE Transactions on Intelligent Transportation Systems, 2013, 14(4): 1773-1795.

[24] 朱善玮, 李玉惠. 基于 Haar-like 和 AdaBoost 的车脸检测[J]. 电子科技, 2018, 31(8): 66-68, 81.

[25] 罗瑞奇, 钟忺, 钟珞, 等. 一种改进 Haar-like 特征的车辆识别算法[J]. 武汉大学学报(理学版), 2018, 64(3): 244-248.

[26] 朱志明, 乔洁. 基于 Haar-like 特征与 AdaBoost 算法的前方车辆辨识技术研究[J]. 电子测量技术, 2017, 40(5): 180-184.

[27] 齐燕舞, 朱杰. 基于 Haar-like 特征多分类器集成的行人检测[J]. 信息技术, 2017, 41(8): 129-131.

[28] Canny J. A computational approach to edge detection[J]. IEEE Transactions on Pattern Analysis and Machine Intelligence, 1986, 8(6): 679-698.

[29] Marr D, Hildreth E. Theory of edge detection[J]. Proceedings of the Royal Society of London, Series B: Biological Sciences, 1980, 207(1167): 187-217.

[30] Yao B P, Li F F. Modeling mutual context of object and human pose in human-object interaction activities[C]. IEEE Computer Society Conference on Computer Vision and Pattern Recognition, San Francisco, 2010: 17-24.

[31] 钟志权, 袁进, 唐晓颖. 基于卷积神经网络的左右眼识别[J]. 计算机研究与发展, 2018, 55(8): 1667-1673.

[32] 赵鹏, 刘杨, 刘慧婷, 等. 基于深度卷积-递归神经网络的手绘草图识别方法[J]. 计算机辅助设计与图形学学报, 2018, 30(2): 217-224.

[33] 毛存礼, 余正涛, 沈韬, 等. 基于深度神经网络的有色金属领域实体识别[J]. 计算机研究与发展, 2015, 52(11): 2451-2459.

[34] Wu H M, Weng J, Chen X, et al. Feedback weight convolutional neural network for gait recognition[J]. Journal of Visual Communication and Image Representation, 2018, 55: 424-432.

[35] 孙继平, 佘杰. 基于支持向量机的煤岩图像特征抽取与分类识别[J]. 煤炭学报, 2013, 38(S2): 508-512.

[36] 杨殿阁, 何长伟, 李满, 等. 基于支持向量机的汽车转向与换道行为识别[J]. 清华大学学报(自然科学版), 2015, 55(10): 1093-1097.

[37] 祝俪菱, 刘澜, 赵新朋, 等. 基于支持向量机的车辆驾驶行为识别研究[J]. 交通运输系统工程与信息, 2017, 17(1): 91-97.

[38] Zhou X L, Jiang P Y, Wang X X. Recognition of control chart patterns using fuzzy SVM with a hybrid kernel function[J]. Journal of Intelligent Manufacturing, 2018, 29(1): 51-67.

[39] 吕复强. 交叉口复杂场景下目标检测与跟踪技术研究[D]. 杭州: 浙江大学, 2013.

[40] 张敏, 张恒义, 郑筱祥. 基于朴素贝叶斯分类器的大鼠体态自动识别[J]. 航天医学与医学工程, 2005, 18(5): 370-374.

[41] 翟治芬, 徐哲, 周新群, 等. 基于朴素贝叶斯分类器的棉花盲椿象危害等级识别[J]. 农业工程学报, 2015, 31(1): 204-211.

[42] 王池社, 程家兴, 苏守宝, 等. 基于朴素贝叶斯分类器的蛋白质界面残基识别(英文)[J]. 计算机科学与探索, 2009, 3(3): 293-302.

[43] Zeng H, Wang J, Wan T. Chinese person name recognition based on naive Bayes[C]. The 9th International Conference on P2P, Parallel, Grid, Cloud and Internet Computing, Guangzhou, 2014: 201-204.

[44] Breiman L. Random forests[J]. Machine Learning, 2001, 45(1): 5-32.

[45] Loh W Y. Classification and regression trees[J]. Wiley Interdisciplinary Reviews: Data Mining and Knowledge Discovery, 2011, 1(1): 14-23.

[46] Shelhamer E, Long J, Darrell T. Fully convolutional networks for semantic segmentation[J]. IEEE Transactions on Pattern Analysis and Machine Intelligence, 2017, 39(4): 640-651.

[47] Liu W, Rabinovich A, Berg A C. ParseNet: Looking wider to see better[J]. arXiv: 1506.04579, 2015.

[48] Badrinarayanan V, Kendall A, Cipolla R. SegNet: A deep convolutional encoder-decoder architecture for image segmentation[J]. IEEE Transactions on Pattern Analysis and Machine

Intelligence, 2017, 39(12): 2481-2495.

[49] Nam H, Han B. Learning multi-domain convolutional neural networks for visual tracking[C]. Proceedings of the IEEE Conference on Computer Vision and Pattern Recognition, Las Vegas, 2016: 4293-4302.

[50] Chen L C, Papandreou G, Kokkinos I, et al. Semantic image segmentation with deep convolutional nets and fully connected CRFs[J]. arXiv: 1412.7062, 2014.

[51] Chen L C, Papandreou G, Kokkinos I, et al. DeepLab: Semantic image segmentation with deep convolutional nets, atrous convolution, and fully connected CRFs[J]. IEEE Transactions on Pattern Analysis and Machine Intelligence, 2018, 40(4): 834-848.

[52] Chen L C, Papandreou G, Schroff F, et al. Rethinking atrous convolution for semantic image segmentation[J]. arXiv: 1706.05587, 2017.

[53] Kampffmeyer M, Salberg A B, Jenssen R. Semantic segmentation of small objects and modeling of uncertainty in urban remote sensing images using deep convolutional neural networks[C]. Proceedings of the IEEE Conference on Computer Vision and Pattern Recognition Workshops, Las Vegas, 2016: 1-9.

[54] Takikawa T, Acuna D, Jampani V, et al. Gated-SCNN: Gated shape CNNs for semantic segmentation[C]. IEEE/CVF International Conference on Computer Vision, Seoul, 2019: 5228-5237.

[55] Yang Z G, Yu H S, Feng M T, et al. Small object augmentation of urban scenes for real-time semantic segmentation[J]. IEEE Transactions on Image Processing, 2020, 29: 5175-5190.

[56] Ronneberger O, Fischer P, Brox T. U-Net: Convolutional networks for biomedical image segmentation[C]. International Conference on Medical Image Computing and Computer-Assisted Intervention, Munich, 2015: 234-241.

[57] Paszke A, Chaurasia A, Kim S, et al. ENet: A deep neural network architecture for real-time semantic segmentation[J]. arXiv: 1606.02147, 2016.

[58] Zhao H S, Qi X J, Shen X Y, et al. ICNet for real-time semantic segmentation on high-resolution images[C]. Proceedings of the European Conference on Computer Vision, Munich, 2018: 418-434.

[59] Alperovich A, Johannsen O, Strecke M, et al. Light field intrinsics with a deep encoder-decoder network[C]. Proceedings of the IEEE Conference on Computer Vision and Pattern Recognition, Salt Lake City, 2018: 9145-9154.

[60] Treml M, Arjona-Medina J A, Unterthiner T, et al. Speeding up semantic segmentation for autonomous driving[C]. Conference and Workshop on Neural Information Processing Systems, Barcelona, 2016: 1-7.

[61] Siam M, Gamal M, Abdel-Razek M, et al. A comparative study of real-time semantic

segmentation for autonomous driving[C]. Proceedings of the IEEE Conference on Computer Vision and Pattern Recognition Workshops, Salt Lake City, 2018: 587-597.

[62] Li W J, He C H, Fang J R, et al. Semantic segmentation-based building footprint extraction using very high-resolution satellite images and multi-source GIS data[J]. Remote Sensing, 2019, 11(4): 403.

[63] Wurm M, Stark T, Zhu X X, et al. Semantic segmentation of slums in satellite images using transfer learning on fully convolutional neural networks[J]. ISPRS Journal of Photogrammetry and Remote Sensing, 2019, 150: 59-69.

[64] Jiang F, Grigorev A, Rho S, et al. Medical image semantic segmentation based on deep learning[J]. Neural Computing and Applications, 2018, 29(5): 1257-1265.

[65] Guo C L, Szemenyei M, Yi Y G, et al. SA-UNet: Spatial attention U-Net for retinal vessel segmentation[C]. 25th International Conference on Pattern Recognition, Milan, 2021: 1236-1242.

[66] 郭清达, 全燕鸣. 采用空间投影的深度图像点云分割[J]. 光学学报, 2020, 40(18): 140-148.

[67] 杜廷伟, 刘波. 基于高斯混合模型聚类的 Kinect 深度数据分割[J]. 计算机应用与软件, 2014, 31(12): 245-248.

[68] 范小辉, 许国良, 李万林, 等. 基于深度图的三维激光雷达点云目标分割方法[J]. 中国激光, 2019, 46(7): 292-299.

[69] 左向梅, 武亮. 基于深度图像分割的场景物体识别与匹配[J]. 工程技术研究, 2019, 4(17): 219-221.

[70] Gupta S, Girshick R, Arbeláez P, et al. Learning rich features from RGB-D images for object detection and segmentation[C]. European Conference on Computer Vision, Zurich, 2014: 345-360.

[71] Schuldt C, Laptev I, Caputo B. Recognizing human actions: A local SVM approach[C]. Proceedings of the 17th International Conference on Pattern Recognition, Cambridge, 2004: 32-36.

[72] Simonyan K, Zisserman A. Two-stream convolutional networks for action recognition in videos[C]. Advances in Neural Information Processing Systems, Montreal, 2014: 568-576.

[73] Wang L M, Xiong Y J, Wang Z, et al. Temporal segment networks: Towards good practices for deep action recognition[C]. European Conference on Computer Vision, Amsterdam, 2016: 20-36.

[74] Tran D, Bourdev L, Fergus R, et al. Learning spatiotemporal features with 3D convolutional networks[C]. Proceedings of the IEEE International Conference on Computer Vision, Santiago, 2015: 4489-4497.

[75] Ji S W, Xu W, Yang M. 3D convolutional neural networks for human action recognition[J]. IEEE

Transactions on Pattern Analysis and Machine Intelligence, 2013, 35(1): 221-231.

[76] Du W B, Wang Y L, Qiao Y. RPAN: An end-to-end recurrent pose-attention network for action recognition in videos[C]. Proceedings of the IEEE International Conference on Computer Vision, Venice, 2017: 3745-3754.

[77] Donahue J, Hendricks L A, Guadarrama S, et al. Long-term recurrent convolutional networks for visual recognition and description[J]. IEEE Transactions on Pattern Analysis and Machine Intelligence, 2017, 39(4): 677-691.

[78] Coupeté E, Moutarde F, Manitsaris S. Gesture recognition using a depth camera for human robot collaboration on assembly line[J]. Procedia Manufacturing, 2015, 3: 518-525.

[79] Oh C M, Islam M Z, Lee J S, et al. Upper body gesture recognition for human-robot interaction[C]. International Conference on Human-Computer Interaction, Vancouver, 2011: 294-303.

[80] 倪涛, 邹少元, 刘海强, 等. 吊装机器人肢体动作指令识别技术研究[J]. 农业机械学报, 2019, 50(6): 405-411, 426.

[81] Han S U, Achar M, Lee S H, et al. Empirical assessment of a RGB-D sensor on motion capture and action recognition for construction worker monitoring[J]. Visualization in Engineering, 2013, 1: 1-13.

[82] Felzenszwalb P F, Girshick R B, McAllester D, et al. Object detection with discriminatively trained part-based models[J]. IEEE Transactions on Pattern Analysis and Machine Intelligence, 2010, 32(9): 1627-1645.

[83] Papageorgiou C P, Oren M, Poggio T A. General framework for object detection[C]. The 6th International Conference on Computer Vision, Bombay, 1998: 555-562.

[84] Lienhart R, Maydt J. An extended set of Haar-like features for rapid object detection[C]. Proceedings of International Conference on Image Processing, Rochester, 2002: 901-903.

[85] Déniz O, Bueno G, Salido F, et al. Face recognition using histograms of oriented gradients[J]. Pattern Recognition Letters, 2011, 32(12): 1598-1603.

[86] Lowe D G. Distinctive image features from scale-invariant keypoints[J]. International Journal of Computer Vision, 2004, 60(2): 91-110.

[87] Freund Y, Schapire R E. Experiments with a new boosting algorithm[C]. International Conference on Machine Learning, Bari, 1996: 148-156.

[88] Suykens J A K, Vandewalle J. Least squares support vector machine classifiers[J]. Neural Processing Letters, 1999, 9(3): 293-300.

[89] Schölkopf B, Smola A J. Learning with Kernels: Support Vector Machines, Regularization, Optimization, and Beyond[M]. Cambridge: MIT Press, 2018.

[90] Girshick R, Donahue J, Darrell T, et al. Rich feature hierarchies for accurate object detection and

semantic segmentation[C]. Proceedings of the IEEE Conference on Computer Vision and Pattern Recognition, Columbus, 2014: 580-587.

[91] Girshick R. Fast R-CNN[C]. Proceedings of the IEEE International Conference on Computer Vision, Santiago, 2015: 1440-1448.

[92] Ren S Q, He K M, Girshick R, et al. Faster R-CNN: Towards real-time object detection with region proposal networks[J]. IEEE Transactions on Pattern Analysis and Machine Intelligence, 2017, 39(6): 1137-1149.

[93] Redmon J, Divvala S, Girshick R, et al. You only look once: Unified, real-time object detection[C]. Proceedings of the IEEE Conference on Computer Vision and Pattern Recognition, Las Vegas, 2016: 779-788.

[94] Toshev A, Szegedy C. DeepPose: Human pose estimation via deep neural networks[C]. Proceedings of the IEEE Conference on Computer Vision and Pattern Recognition, Columbus, 2014: 1653-1660.

[95] Pfister T, Charles J, Zisserman A. Flowing ConvNets for human pose estimation in videos[C]. Proceedings of the IEEE International Conference on Computer Vision, Santiago, 2015: 1913-1921.

[96] Wei S H, Ramakrishna V, Kanade T, et al. Convolutional pose machines[C]. Proceedings of the IEEE Conference on Computer Vision and Pattern Recognition, Las Vegas, 2016: 4724-4732.

[97] Newell A, Yang K Y, Deng J. Stacked hourglass networks for human pose estimation[C]. European conference on Computer Vision, Cham, 2016: 483-499.

[98] 薛启凡, 李煊鹏. 基于 OpenPose 的单目相机手语识别方法: CN108537109A[P]. 2021-07-09.

[99] 王怀宇, 林艳萍, 汪方. 基于 OpenPose 的三维上肢康复系统[J]. 机电一体化, 2018, 24(9): 30-36.

[100] 宋爱国, 唐心宇, 石珂, 等. 一种基于 OpenPose 和 Kinect 的人体姿态估计方法及康复训练系统: CN109003301B[P]. 2022-03-15.

[101] 张浒, 胡伟, 瞿磊, 等. 一种基于人体姿态估计的旅客异常行为识别方法: CN108280435A[P]. 2018-07-13.

[102] 高陈强, 汤林, 陈旭, 等. 基于目标检测和人体姿态估计的坐姿检测方法: CN108549876A[P]. 2018-09-18.

[103] 唐心宇, 宋爱国. 人体姿态估计及在康复训练情景交互中的应用[J]. 仪器仪表学报, 2018, 39(11): 195-203.

[104] 宋春华, 韦兴平. 数显扭矩扳手的研究综述[J]. 机床与液压, 2012, 40(4): 106-108.

[105] Nah H S, Choi S M. Evaluate the clamping force of torque-shear high strength bolts[J]. International Journal of Steel Structures, 2018, 18(3): 935-946.

[106] 宫振宁. 基于机器视觉的生产线螺母装配检测技术研究[D]. 秦皇岛: 燕山大学, 2015.

[107] Sun Y, Li C Q, Li G F, et al. Gesture recognition based on Kinect and sEMG signal fusion[J]. Mobile Networks and Applications, 2018, 23(4): 797-805.

[108] Hu Y, Wong Y K, Wei W T, et al. A novel attention-based hybrid CNN-RNN architecture for sEMG-based gesture recognition[J]. PloS ONE, 2018, 13(10): e0206049.

[109] Jiang D, Li G F, Sun Y, et al. Grip strength forecast and rehabilitative guidance based on adaptive neural fuzzy inference system using sEMG[J]. Personal and Ubiquitous Computing, 2022, 26(4): 1215-1224.

[110] Chen M, Cheng L, Huang F B, et al. Towards robot-assisted post-stroke hand rehabilitation: Fugl-Meyer gesture recognition using sEMG[C]. IEEE 7th Annual International Conference on CYBER Technology in Automation, Control, and Intelligent Systems, Honolulu, 2017: 1472-1477.

[111] Qi J X, Jiang G Z, Li G F, et al. Intelligent human-computer interaction based on surface EMG gesture recognition[J]. IEEE Access, 2019, 7: 61378-61387.

[112] Sun Y, Xu C, Li G F, et al. Intelligent human computer interaction based on non redundant EMG signal[J]. Alexandria Engineering Journal, 2020, 59(3): 1149-1157.

[113] 胡俞嘉, 宫玉琳, 王锋. 基于 PSO-SVM 的手势识别方法研究[J]. 长春理工大学学报(自然科学版), 2019, 42(4): 102-107.

[114] 张学工. 关于统计学习理论与支持向量机[J]. 自动化学报, 2000, 26(1): 32-42.

[115] 刘二宁, 邹任玲, 姜亚斌, 等. 基于表面肌电信号的腰背动作识别新方法[J]. 软件导刊, 2020, 19(11): 71-74.

[116] Josephs D, Drake C, Heroy A, et al. sEMG gesture recognition with a simple model of attention[J]. arXiv: 2006.03645, 2020.

[117] Atzori M, Gijsberts A, Heynen S, et al. Building the Ninapro database: A resource for the biorobotics community[C]. The 4th IEEE RAS & EMBS International Conference on Biomedical Robotics and Biomechatronics, Rome, 2012: 1258-1265.

[118] 吴常铖, 宋爱国, 曾洪, 等. 基于 sEMG 和 GRNN 的手部输出力估计[J]. 仪器仪表学报, 2017, 38(1): 97-104.

[119] Ma R Y, Zhang L L, Li G F, et al. Grasping force prediction based on sEMG signals[J]. Alexandria Engineering Journal, 2020, 59(3): 1135-1147.

[120] Tao W J, Leu M C, Yin Z Z. Multi-modal recognition of worker activity for human-centered intelligent manufacturing[J]. Engineering Applications of Artificial Intelligence, 2020, 95: 103868.

[121] Simonyan K, Zisserman A. Very deep convolutional networks for large-scale image recognition[J]. arXiv: 1409.1556, 2014.

[122] 胡家垒, 赵泽明, 于洋, 等. 基于肢体运动信息的机器人示教操作系统[J]. 机电一体化,

2019, 25（S1）: 36-41, 53.

[123] Yang C G, Chen J S, Chen F. Neural learning enhanced teleoperation control of Baxter robot using IMU based motion capture[C]. The 22nd International Conference on Automation and Computing, Colchester, 2016: 389-394.

[124] LeCun Y, Bottou L, Bengio Y, et al. Gradient-based learning applied to document recognition[J]. Proceedings of the IEEE, 1998, 86（11）: 2278-2324.

[125] Williams R J, Zipser D. A learning algorithm for continually running fully recurrent neural networks[J]. Neural Computation, 1989, 1（2）: 270-280.

[126] 刘继忠, 吴文虎, 程承, 等. 基于像素滤波和中值滤波的深度图像修复方法[J]. 光电子·激光, 2018, 29（5）: 539-544.

[127] Zhao H S, Shi J P, Qi X J, et al. Pyramid scene parsing network[C]. IEEE Conference on Computer Vision and Pattern Recognition, Honolulu, 2017: 6230-6239.

[128] He K M, Zhang X Y, Ren S Q, et al. Deep residual learning for image recognition[C]. IEEE Conference on Computer Vision and Pattern Recognition, Las Vegas, 2016: 770-778.

[129] Chen L C, Zhu Y K, Papandreou G, et al. Encoder-decoder with atrous separable convolution for semantic image segmentation[C]. Proceedings of the European Conference on Computer Vision, Munich, 2018: 833-851.

[130] Lin G S, Milan A, Shen C H, et al. RefineNet: Multi-path refinement networks for high-resolution semantic segmentation[C]. IEEE Conference on Computer Vision and Pattern Recognition, Honolulu, 2017: 5168-5177.

[131] Cui Z Y, Leng J X, Liu Y, et al. SKNet: Detecting rotated ships as keypoints in optical remote sensing images[J]. IEEE Transactions on Geoscience and Remote Sensing, 2021, 59（10）: 8826-8840.

[132] Redmon J, Farhadi A. YOLOv3: An incremental improvement[J]. arXiv: 1804.02767, 2018.